微信小程序开发

——从入门到项目实战
（微课版）

熊海东　著

电子工业出版社·

Publishing House of Electronics Industry

北京·BEIJING

内 容 简 介

本书先讲述了微信小程序开发的历史及现状，然后讲解了微信小程序开发的准备工作，接下来讲解了微信小程序的框架、基础组件、自定义组件和 API，最后通过微信小程序项目"盐帮川菜"进行了项目实战。通过对本书的学习，读者可以快速掌握微信小程序开发的基础知识，全面了解从入门到项目实战的过程。

本书所有案例及"盐帮川菜"项目均已在微信开发者工具模拟器和真机中调试通过，并且有全部的源代码、完整的服务端接口、练习题和视频讲解等资源供读者下载。

本书适合高等职业院校计算机类专业学生学习，也适合程序设计人员和微信小程序开发爱好者参考。

图书在版编目（CIP）数据

微信小程序开发：从入门到项目实战：微课版 /熊海东著.—北京：电子工业出版社，2023.3

ISBN 978-7-121-45124-9

Ⅰ. ①微… Ⅱ. ①熊… Ⅲ. ①移动终端－应用程序－程序设计－高等学校－教材 Ⅳ. ①TN929.53

中国国家版本馆 CIP 数据核字（2023）第 030441 号

责任编辑：徐建军　　　　　特约编辑：田学清
印　　刷：三河市龙林印务有限公司
装　　订：三河市龙林印务有限公司
出版发行：电子工业出版社
　　　　　北京市海淀区万寿路 173 信箱　　　　　邮编：100036
开　　本：787×1 092　　1/16　　印张：14.75　　字数：397 千字
版　　次：2023 年 3 月第 1 版
印　　次：2023 年 3 月第 1 次印刷
印　　数：1 200 册　　定价：49.00 元

凡所购买电子工业出版社图书有缺损问题，请向购买书店调换。若书店售缺，请与本社发行部联系，联系及邮购电话：（010）88254888，88258888。

质量投诉请发邮件至 zlts@phei.com.cn，盗版侵权举报请发邮件至 dbqq@phei.com.cn。

本书咨询联系方式：（010）88254570，xujj@phei.com.cn。

前　言

作者于 2017 年开始接触微信小程序的开发，彼时正在承担 Android 应用开发的教学工作，微信小程序让作者眼前一亮——移动应用居然还可以这样存在，移动应用的开发居然还可以这么简单方便……从此作者对微信小程序的关注和研究一发不可收拾。作者经历过早期"微信 Web 开发工具"代码无法保存的痛苦，也体会过微信小程序项目完工的快乐。2018 年，作者正式将微信小程序开发课程引入到教学中，虽然网络上有翔实的官方文档，市面上也有少量的书籍，但是文档太过庞大而没有教学体系，市面上的书籍又过于简单，它们都不是特别适合高校学生。为此，作者萌生了写一本关于微信小程序开发，而且与市面上区别较大的教材的想法。

本书与市面上同类教材的最大区别是使用了真实项目案例，同时提供了相应的服务端接口，只有这样才不至于让微信小程序开发课程沦为"移动版的网页"。读者可以在配套的资料（比如源代码等）中找到完整、免费且可用的服务端接口地址，配合项目实战，这样才能真正掌握微信小程序的开发技能。

本书适合广大高校计算机类专业学生，特别是软件类专业学生，当然也适合编程技术爱好者。在学习本书之前，如果你已经拥有了 HTML 和 JavaScript 语言基础，甚至是开发经验，那么你的学习过程会非常轻松和愉快，当然，如果你只拥有 C 语言基础知识，那么也是可行的，只要在学习的同时适当补充相关的 JavaScript 知识即可。

本书由四川幼儿师范高等专科学校智能产品开发与应用专业的熊海东老师编写。首先要感谢豆豆小朋友，本书是在他持续不断的"骚扰"下完成的，是他给了作者编写的决心和动力。还要特别感谢杨欣，是她的鼓励把作者几度从放弃的边缘拉了回来，她也是本书的第一位读者，为作者提供了很多宝贵的意见，在此一并表示感谢！

随着技术的迭代，几年之后，本书的许多地方也许会过时，但是学习本书的经历会为日后学习其他技术积累宝贵的经验和财富，计算机软件归根结底学的是思想，而不是技术知识本身。

为了方便教学，本书配有教学课件及其他相关资源，请有此需要的教师登录华信教育资源网（www.hxedu.com.cn）注册后免费进行下载，如有问题可在网站留言板留言或与电子工业出版社联系（E-mail:hxedu@phei.com.cn）。

由于作者水平有限，且编写时间仓促，书中难免有疏漏和不足之处，恳请广大读者批评指正。

熊海东

于蜂人工作室

目　录

第 1 章

初识微信小程序

微信小程序简称小程序（本书后面如无特别说明，小程序均指微信小程序），英文名称为 Mini Program。它最早由微信教父张小龙于 2016 年 1 月 11 日提出。当时微信已经普及，很多传统的 Web 产品和业务都在向微信公众号迁移，将微信作为入口可以降低用户的获取成本和开发成本；但是当时的微信公众号、服务号都不能很好地满足这种需求，因此微信内部开始研究新的应用形态，即微信小程序。

2016 年 9 月 21 日，微信小程序正式开启内测，随后内测消息刷爆了技术爱好者的朋友圈，微信小程序内测码一时成为市场上的香饽饽。与此同时，腾讯云也上线了微信小程序服务端解决方案，能为小程序提供服务技术支持。2016 年 11 月 3 日，微信小程序正式开始公测，广大开发者都迫不及待地进行体验测试。

2017 年 1 月 9 日，张小龙在微信公开课上正式宣布微信小程序上线。同时，小程序全面开始申请注册，微信小程序从此开始流行起来。2017 年 12 月 28 日，微信开放了小游戏，并在启动页面中宣传了著名的小游戏——跳一跳，这款游戏迅速火爆全国，几乎所有微信用户都在"跳一跳"。

1.1 小程序诞生背景

微课：微信小程序简介

其实，小程序的概念最早是由百度提出的，当时被称为"轻应用"。但是受制于技术及生态等因素，"轻应用"没有被成功地推广开来。

1.1.1 先驱者百度"轻应用"

2013 年 8 月，百度在百度全球开发者大会上首先提出了"轻应用"的概念。百度早已预测未来的互联网主战场是移动 App，并选择使用"轻应用"来开辟一条全新的赛道，将传统 PC 互联网的优势延续到移动互联网中，以确保自身处于移动互联网的入口位置。百度对轻应用的描述为"无须下载、即搜即用的全功能应用，既有媲美甚至超越 Native App 的用户体验，又具备 Web App 可被检索与智能分发的特征，可以有效地解决优质应用和服务与移动用户需求对接的问题。"

但是结果非常遗憾，百度"轻应用"未能获得广大移动互联网用户的喜爱，大家都没有听说过百度"轻应用"，就更别说使用了，由此百度"轻应用"逐渐边缘化。百度"轻应用"折戟沉沙的失败原因总结如下。

（1）整体技术不够成熟。

一方面，4G 尚未普及且资费昂贵，我国于 2013 年正式启动 4G 网络建设，移动运营商于 2013 年年底获得了 4G 牌照，彼时移动互联网主要依靠的是 Wi-Fi 及 3G，其速度严重影响了移动应用的用户体验。另一方面，智能手机性能不高、价格昂贵，大部分手机还处于功能键状态。整体技术的不够成熟严重影响了百度"轻应用"的用户体验，而用户更倾向于使用 Native APP。

（2）移动支付尚未普及。

移动应用最重要的场景就是网络消费，而这些应用场景的终点是移动支付。没有移动支付意味着这些网络消费场景不太可能实现，这也注定了百度"轻应用"难以爆发并获得大量用户。

（3）百度产品无社交属性，用户黏性不强。

百度的主要产品是百度搜索引擎、百度地图、百度网盘等，都属于工具类应用，只需用户单独使用，没有任何社交场景，且人均单日使用时间不足 10 分钟。另外，使用百度搜索引擎的群体以大学生和知识分子为主，对其他用户几乎没有黏性。综上所述，百度本身没有强力的爆款本地 App，用户数量及用户黏性的不足造成百度"轻应用"无法"挟用户以令开发者"，这样的恶性循环，也就造成了百度"轻应用"的难产。

但我们仍要给百度"轻应用"掌声以表示感谢。虽然百度"轻应用"失败了，但是它作为第一个吃螃蟹的人，对"小程序"类技术的实践为后面其他"小程序"提供了宝贵的经验。其实，百度"轻应用"并没有消失，今天它以百度"小程序"的形式继续存在于百度 App 中。

1.1.2　生逢其时的微信小程序

2016 年，距百度发布"轻应用"已经过去了 3 年，那么在这 3 年时间里，移动互联网界发生了什么变化呢？

1）4G 的全面普及

根据工信部的数据，2016 年年底我国 4G 用户数量已经超过 7 亿。也就是说，4G 用户数量从 2013 年的 0 用户爆发式地增长到 2016 的 7 亿用户仅用了 3 年的时间。与此同时，4G 资费也变得亲民，甚至出现了不限量套餐。4G 智能手机的普及为移动 App 百花齐放提供了肥沃的土壤，微信就是其中之一。2013 年，微信用户数为 3.55 亿，而 2016 年的用户数则为 7.68 亿，几乎可以认为微信 App 已在 4G 用户中普及。

2）智能手机性能的大幅提升

在高通、华为海思、联发科等移动处理器芯片厂商的努力下，智能手机的芯片性能越来越强，且能耗越来越低。同时，电池技术的不断革新、石墨烯等新电池技术的出现也进一步促进了智能手机的全面发展。这为微信这种日均使用时间超长的 App 提供了发展条件。

3）移动支付的普及

为争夺移动支付的主导地位，微信和支付宝进行了旷日持久、挥金如土的红包大战，全民通过支付宝"扫一扫"、微信"摇一摇"领取红包。最后微信支付凭借其用户黏性和抢红包游戏取得了胜利，类似共享单车、打车、外卖等应用就形成了闭环。

微信小程序在 2016 年中旬被提出可谓占尽天时地利人和，真是生逢其时。

1.1.3　"富二代"微信小程序

2016 年，微信日均活跃用户数量达 7.68 亿，过半用户日均使用时间达 90 分钟，而且还有进一步突破的趋势。拥有如此群众基础的微信可谓"宇宙第一 App"，那么作为微信"亲儿子"的微信小程序可谓不折不扣的"富二代"。

"富二代"微信小程序从一出生就备受瞩目。微信小程序具有众多光环：使用微信团队开发的 MINA 框架（使用了 MVVM 模型）；使用腾讯云开发技术（Tencent Cloud Base，简称 TCB，具有云数据库、云函数等功能）作为服务端；使用统一的 WeUI 用户界面；微信登录免鉴权。

1.2　小程序特点

目前，微信小程序在食品、购物、旅游、酒店、教育、生活、医疗、金融、公共服务等多个行业都具有一定的影响力，对传统应用产生了很大的影响，迫使许多企业放弃"客户至上"的理念，转而将技术和资金投入到微信小程序中。在营销方面，微信小程序简化了推广流程，依托微信生态，商家可以利用微信自身流量快速提升品牌知名度，从而获取更多客户。同时，小程序免费安装的策略也能满足更多群体的使用需求，更容易被用户接受。另外，热门小程序还有以下特点。

1）覆盖面广

自 2017 年 1 月 9 日微信小程序推出以来，官方公布的《个人/非个人主体小程序开放的服务类目》的条目越来越丰富。无论是公司还是个人，都可以快速轻松地找到计划运营的项目。经过两年多的开发，小程序用户界面的主要类别项最终设置为 20 个。

2）无须安装和卸载，可以即刻打开

用户只需扫描商家二维码即可以浏览网页的方式使用小程序，还可将其简化为手机桌面的快捷方式，且小程序不会像其他软件一样在后台占用过多的内存和流量。此外，用户还可以通过使用小程序的分享功能，将小程序直接转发给他人，越来越多的人开始接受这种新的程序使用方式。随着小程序的普及，预计未来几年将有 80% 的应用被取代。

3）生产和维护成本低

对于很多创业者来说，使用微信小程序进行运营和推广可以大大减少资金投入。商家无须购买或自建小程序后端服务器，可节省运维成本。小程序开发过程类似于简易的网站开发，且小程序官网上已经有很多现成的模板，相比开发同款 App 可以节省不少生产成本。

4）可以被用户搜索到

微信小程序主页右上角有一个"搜索"按钮，可以进行高效推广，让所有微信用户都可以搜索到自己感兴趣的小程序，这个功能也让很多商家节省了推广成本。凭借微信用户庞大的流量，商家的应用可以被全国 10 亿微信用户搜索到。在小程序上线时，商家可以申请免费的"附近小程序"功能，让 5 公里范围内的微信用户看到自己的小程序。在当今互联网时代中，微信小程序逐渐被更多的用户了解和使用，各种小程序也逐渐走进用户的日常生活。随着这一发展趋势，小程序将成为大型在线平台，会有越来越多的商家将微信小程序作为主要的营销方式。小程序的核心是切分生活场景，将微信服务融入生活。我们相信，随着微信小程序的不断发展，手机上的应用数量会越来越少，生活场景会越来越便捷。

5）支持微信云开发技术

微信云开发是微信团队联合腾讯云推出的专业的小程序开发服务。开发者可以使用云开发技术快速开发小程序、小游戏、公众号网页等，并且打通原生微信开发能力。微信云开发技术众多，开发者无须搭建服务器，即可通过免鉴权直接使用平台提供的 API 进行业务开发，快速构建小程序、公众号；可以通过免登录、免鉴权调用微信开发服务，无须管理证书、签名、密钥；可以复用微信私有协议及链路，保证业务安全性；可以统一开发多端应用，支持环境共享，一个后端环境可以开发多个小程序、公众号、网页等，便于复用业务代码与数据；成本更低，支持按量计费模式，后端资源根据业务流量自动扩容，先使用后付费，无须支付闲置成本。

1.3　小程序现状

1.3.1　小程序发展现状

2021 年 1 月 19 日，微信公开课 PRO 在广州开讲，微信小程序负责人表示："微信小程序日均活跃用户突破 4 亿，人均使用小程序个数较 2019 年增长 25%，人均小程序交易金额较 2019 年增长 67%"。

值得注意的是，微信小程序全年累计交易额同比增长 100%。而据腾讯 2019 年财报中小程序 8000 亿的全年交易额计算，2020 年微信小程序的全年交易额约为 1.6 万亿。

在开发者端，活跃小程序数年同比增长了 75%，有交易的小程序数年同比增长 68%。微信方面表示："在出行、旅游、政务、教育及多个零售板块中，有交易的小程序数量增长率远超整体小程序数量的增长率，体现了行业交易生态的逐步丰满"。

在政务民生领域中，小程序"健康码"累计服务用户超过 8 亿，累计展示码量超 200 亿次；社保缴费小程序帮助 1.59 亿人不出门在线完成参保。

在商业化领域中，到 2020 年年底，全年累计有超过 1 亿人次在购物中心和百货小程序上购物；借助"小程序预售+线下自提"等模式，累计超过 3 亿用户在微信内购买生鲜蔬果。

在我国移动互联网已经普及的情况下，移动互联网领域巨头阿里系、腾讯系、头条系"内卷"严重，移动 App 获取新用户的成本越来越高，微信小程序获得如此高速的增长趋势实属难得。

1.3.2　小程序开发现状

总体而言，微信小程序开发难度低、效率高，这主要得益于微信小程序开发团队全新设计的 MINA 框架。与传统的原生 Android App 开发相比，微信小程序开发具有主流 Web 前端开发框架的特性，如完整的页面视图生命周期、数据绑定、条件渲染、列表渲染、响应事件等。目前微信小程序开发的主要特点如下。

1）优秀的集成开发环境

目前，微信小程序的官方开发工具是"微信开发者工具"，其页面如图 1-1 所示，除了可以开发微信小程序，还可以开发微信小游戏、公众号网页等。该工具整合了编辑器、模拟器、调试器、可视化、云开发等众多模块，同时支持真机调试。微信团队对开发工具进行着长期的更新和维护，目前最新版本是 1.05.2108150（2021.08.15 更新），该工具的用户体验较好，运行流畅，从不崩溃，亦无 Bug。

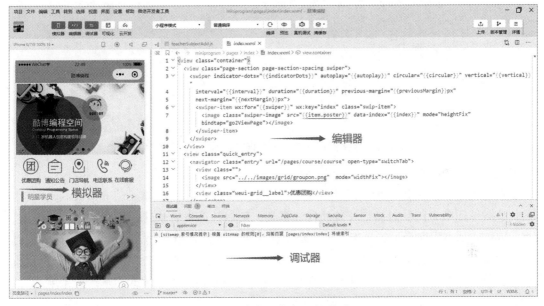

图 1-1　微信开发者工具页面

2）完善的技术文档

除了优秀的开发工具，微信小程序的配套技术文档也是非常齐全的，《微信官方文档·小程序》（又名"微信开放文档"）就像微信小程序的百科全书，亦是优秀的教程，其框架部分的页面如图 1-2 所示。该文档不仅系统地讲解了微信小程序开发的全部知识，而且以代码片段的形式提供了很多代码示例，用户可以通过点击链接跳转到微信开发者工具并直接将代码片段导入到微信开发工具中进行运行调试，代码的导入如图 1-3 所示。

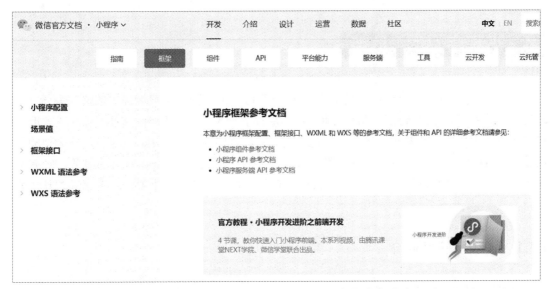

图 1-2　《微信官方文档·小程序》框架部分的页面

图 1-3 《微信官方文档·小程序》示例代码的导入

3）支持众多框架

目前已经有一些使用较为广泛的框架了，比如 WeUI、WePY、Taro、mpvue 等。其中，WeUI 是微信团队专门针对微信开发的样式框架，可以让开发者快速使用微信官方推荐的 UI 风格。WePY 是小程序最早的框架之一，是一款让小程序支持组件化开发的框架，可以通过预编译的手段让开发者选择喜欢的开发风格。在框架的细节优化方面，Promise 与 Async Functions 的引入都能让开发小程序项目变得更加简单、高效。Taro 是一个开放式跨端跨框架解决方案，支持使用 React、Vue、Nerv 等框架来开发微信、京东、百度、支付宝、字节、QQ 小程序，以及 HTML5、RN 等应用。mpvue 是美团点评的一个开源的前端框架，使用 Vue.js 开发小程序，并在 Vue.js 的基础上修改了 runtime 和 compiler 实现，使其可以在小程序环境中运行，从而为小程序开发引入整套 Vue.js 开发体验。

4）强大的微信开放社区

微信小程序社区非常活跃，里面不仅有众多的开发者讨论各种问题，还有腾讯的官方工作人员参与，他们可以对各种"疑难杂症"进行诊断，必要的时候还会主动向开发者获取问题代码。

1.4 小程序 MINA 框架

MINA 是微信小程序框架的名称。MINA 框架通过封装微信客户端提供的文件系统、网络通信、任务管理、数据安全等基础功能，对上层提供一整套 JavaScript API，让开发者能够非常方便地使用微信客户端提供的各种基础功能，并快速构建一个应用。小程序开发框架的目标是通过尽可能简单、高效的方式让开发者在微信中开发具有原生 App 体验的服务。MINA 不仅性能优异，而且开发简单，对开发人员极其友好，且非常适合新手学习，深受广大开发者的喜爱。

1.4.1 MVVM 模型简介

MVVM 是 Model-View-ViewModel 的缩写，是一种架构模式，是一种思想，是一种组织和管理代码的艺术，而并非一种框架。它利用数据绑定、属性依赖、路由事件、命令等特性来实现高效灵活的架构。

　　MVVM 源于著名的 MVC（Model-View-Controller）模式，期间还演化出了 MVP（Model-View-Presenter）模式。MVVM 的出现直接促进了现代 GUI 前端开发和后端开发逻辑的分离，提高了前端开发的效率。

　　MVVM 模型如图 1-4 所示，其核心是数据驱动，即 ViewModel。ViewModel 是 View 和 Model 的关系映射。在 MVVM 中，View 和 Model 是不可以直接进行通信的，它们之间存在着 ViewModel 这个中介。ViewModel 类似中转站（Value Converter），负责转换 Model 中的数据对象，使数据变得更加易于管理和使用。MVVM 的本质是基于操作数据来操作视图进而操作 DOM，开发者借助于 MVVM 则无须直接操作 DOM，只需完成包含声明绑定的视图模板，并编写 ViewModel 中的业务，即可使 View 完全实现自动化。当用户操作 View 时，ViewModel 先感知到变化，然后通知 Model 发生相应改变，反之亦然。ViewModel 向上与视图层 View 进行双向数据绑定，向下与 Model 通过接口请求进行数据交互，起到承上启下的作用。

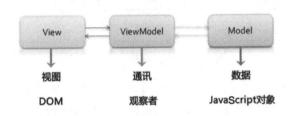

图 1-4　MVVM 模型

　　目前的主流 Web 前端框架都有 MVVM 模型的身影，Vue、React、Angular，甚至 Android 原生 App 开发都具有 MVVM 模型的特点。原因很简单，就是 MVVM 可以大大提高开发效率。

1.4.2　小程序 MINA 框架简介

微课：小程序 MINA 框架简介

　　MINA 也使用上述的 MVVM 模型，其目标是通过尽可能简单、高效的方式让开发者在微信中开发具有原生 App 体验的服务。MINA 提供了视图层描述语言 WXML 和 WXSS，以及基于 JavaScript 的逻辑层框架，并在视图层与逻辑层之间提供了数据传输和事件系统，可以让开发者聚焦于数据与逻辑。MINA 的核心是一个响应的数据绑定系统，该系统分为两部分，即视图层（View）、逻辑层（App Service），另外还有相关的 Native 层。View 层对应视图层，Model 层对应逻辑层，ViewModel 层对应 Native 层。

　　MINA 框架的工作原理如图 1-5 所示，逻辑层将数据进行处理后发送给视图层，同时接收视图层的事件反馈。视图层将逻辑层的数据反映成视图，同时将事件发送给逻辑层。Native 层主要做两件事情：数据绑定和事件监听。逻辑层的网络请求也经由 Native 层转发。

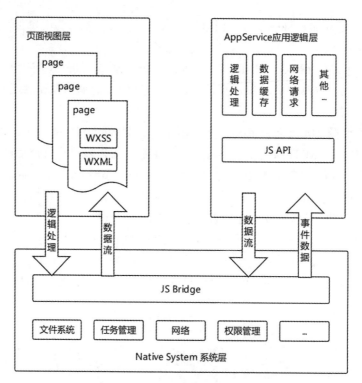

图 1-5　MINA 框架的工作原理

　　MINA 框架为页面组件提供了 bindtap、bindtouchstart 等事件监听相关的属性，来与 AppService 中的事件处理函数绑定在一起，实现面向 AppService 层同步用户数据交互。同时，MINA 框架提供了很多方法将 AppService 中的数据与页面进行单向绑定，当 AppService 中的数据变更时，会主动触发对应页面组件重新渲染。MINA 框架使用的 virtualdom 技术提高了页面的渲染效率。

第2章

小程序开发准备

本章的目标是引导大家开发小程序版的 Hello World。Hello World 的意思是"你好，世界"，最早起源于《The C Programming Language》中的第一个演示程序，后来的程序员在学习编程或进行设备调试时延续了这一习惯。Hello World 的成功意味着开发环境准备就绪。相信很多小伙伴已经按捺不住了，让我们一起来完成微信小程序版的 Hello World 吧！

2.1 成为微信开发者

尽管学习微信小程序开发不是必须注册小程序 AppID 的（亦可使用测试号），但这里还是强烈推荐注册微信小程序账号并获取 AppID，因为我们开发小程序的目的是正式上线使用。除此之外，只有获得正式 AppID 的微信小程序才有官方的小程序管理后台，在后台中可以设置 Logo、体验成员并获取腾讯云开发资源的免费额度，且在开发过程中享有微信小程序的完整功能。

2.1.1 注册小程序

微课：注册小程序

首先，我们可以通过百度搜索引擎搜索"微信公众平台"并打开对应网页。微信公众平台是管理服务号、订阅号、小程序、企业微信的地方。这里我们需要注册一个微信小程序账号，点击"小程序"→"查看详情"按钮，打开微信小程序的简要介绍页面，该页面主要介绍了开放注册范围、开发支持、接入流程等内容，并且都有相应的跳转链接。接入流程部分的"前往注册"按钮是微信小程序的注册入口。

注册过程主要分为三个步骤，填写账号信息、邮箱激活、信息登记。其中，信息登记包含用户信息登记和主体信息登记。用户需要提前准备好的内容有：电子邮箱（未曾注册过微信公众平台）；主体信息（账号所有人的姓名、身份证号码）；最高管理员的电话号码、微信。

填写账号信息比较简单，需要输入电子邮箱和密码，如图 2-1 所示。

在账号信息填写完成后，微信团队会向该邮箱发送激活邮件，如图 2-2 所示。进入邮箱激活环节，用户需要登录该电子邮箱，并查看微信团队发送的电子邮件，点击激活链接，完成账号激活，如图 2-3 所示。

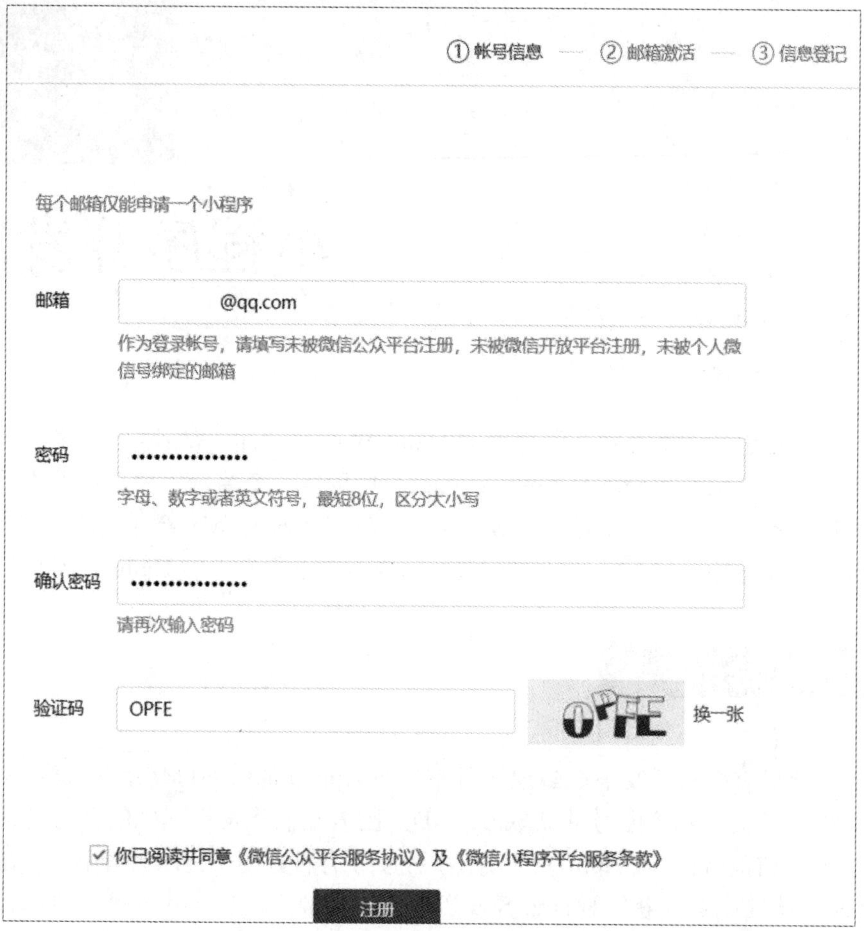

① 帐号信息 —— ② 邮箱激活 —— ③ 信息登记

每个邮箱仅能申请一个小程序

邮箱　　　　@qq.com

作为登录帐号，请填写未被微信公众平台注册，未被微信开放平台注册，未被个人微信号绑定的邮箱

密码　　　　●●●●●●●●●●●●●

字母、数字或者英文符号，最短8位，区分大小写

确认密码　　●●●●●●●●●●●●●

请再次输入密码

验证码　　　OPFE　　　　　　　　　　OPFE　换一张

☑ 你已阅读并同意《微信公众平台服务协议》及《微信小程序平台服务条款》

注册

图 2-1　填写账号信息

① 帐号信息 —— ② 邮箱激活 —— ③ 信息登记

激活小程序帐号

感谢注册！确认邮件已发送至你的注册邮箱：　　　@qq.com。请进入邮箱
查看邮件，并激活小程序帐号。

登录邮箱

图 2-2　发送激活邮件

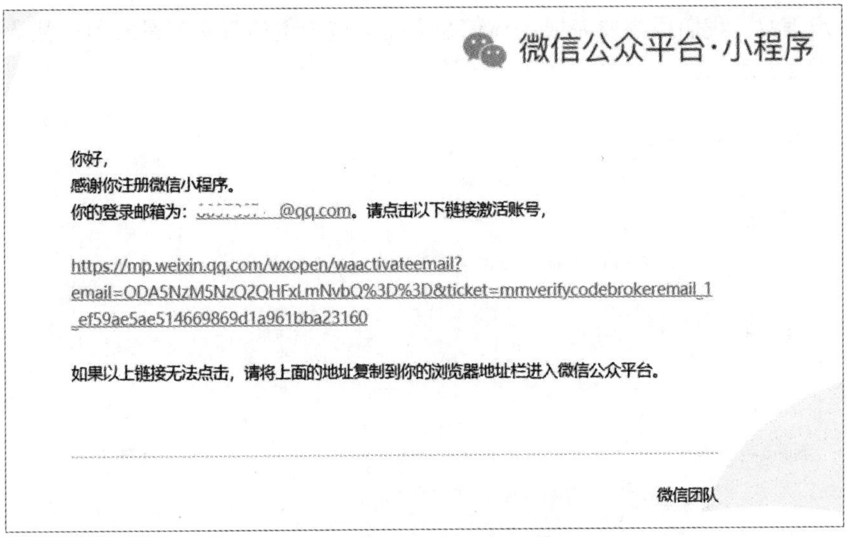

图 2-3 登录邮箱并点击激活链接

在点击激活链接之后，就可以使用上面设置的用户名和密码登录微信公众平台了，继续完成信息登记环节。该环节首先需要完成用户信息登记，主要是确定账号主体的类型及所有人信息，需要根据实际情况填写。其中，个人的主体类型不能使用微信支付功能，如图 2-4 所示。

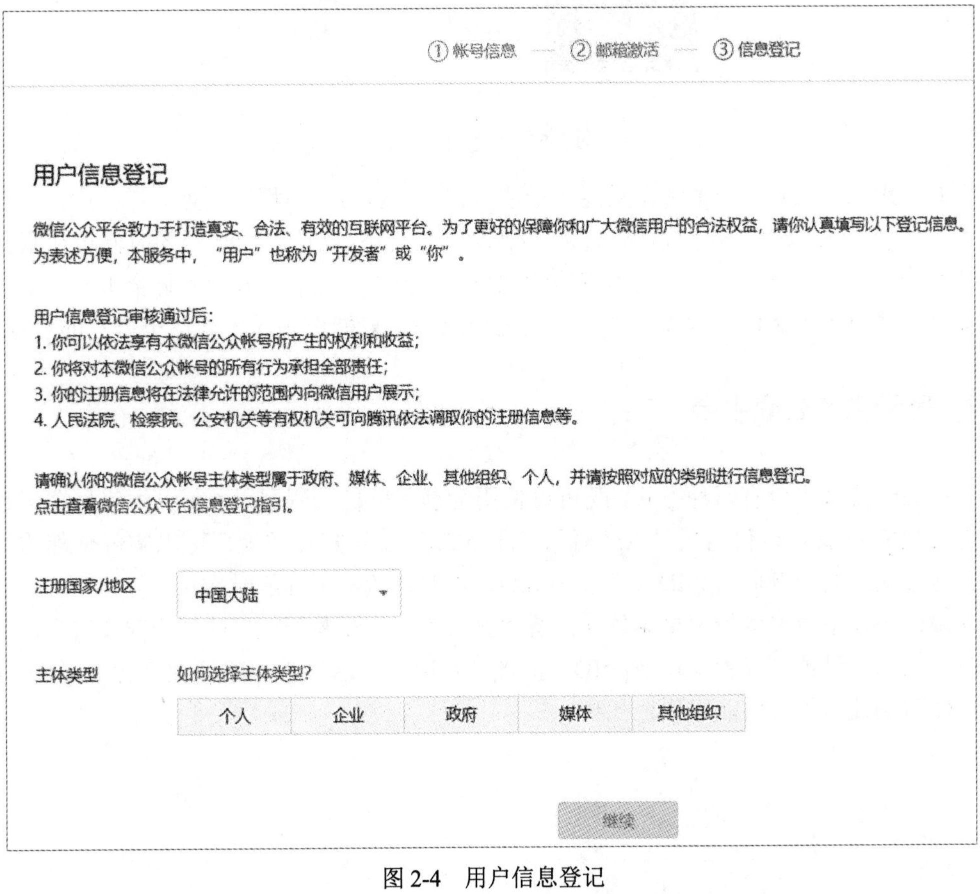

图 2-4 用户信息登记

除了用户信息，我们还需要完成主体信息登记，这个主体其实就是账号使用人员，即最高管理员，如图 2-5 所示。

图 2-5　主体信息登记

需要特别强调的是，一个邮箱只能用于服务号、订阅号、小程序、企业微信中的一种，而不能重复使用。正是这种确定的对应关系，才使在后面登录微信公众平台的时候可以直接根据邮箱地址确定账号类型，从而进入相应的管理页面。另外，对于个人的主体类型，一个身份证号最多只能注册 5 个微信小程序，一个微信用户最多也只能作为 5 个微信小程序的管理员。

2.1.2　登录微信公众平台

登录微信公众平台有两种方式，既可以使用管理员微信扫码登录（在主体信息登记时设置的管理员微信），又可以使用账号密码登录（注册邮箱）。用户在登录后可以实现全部的管理功能，目前最紧迫的是获取 AppID（小程序 ID），需要在新建工程的时候填写。

在微信公众平台右侧的菜单中依次选择"开发"→"开发管理"→"开发设置"选项，打开对应选项卡，设置开发者 ID、AppID，如图 2-6 所示。这里强烈建议大家将 AppID 复制出来，以便后期使用的时候能更快地找到。

图 2-6　主体信息登记

2.2　微信开发者工具简介

微课：微信开发者工具简介

　　微信开发者工具最开始的名字叫"微信 Web 开发者工具"，起初的定位是公众号网页调试工具，随着微信小程序的诞生，微信 Web 开发者工具升级为微信开发者工具。伴随微信小程序的成长，微信开发者工具默默为其提供了强大的支持，是其坚实的后盾。虽然微信开发者工具主要为微信小程序的开发服务，但是其定位是开发全部微信 App 衍生出来的应用，包括微信小程序、小游戏和公众号网页。

　　早期微信开发者工具确实有 Bug 不断、用户体验不佳等问题，经过微信团队历时 4 年的努力和对微信小程序生态圈的完善，微信开发者工具现在已经是一款非常优秀的 IDE（Integrated Development Environment，集成开发环境）了。它具有流畅的手机模拟器、高效的编辑器、准确无误的调试器、集成云开发环境、集成版本管理功能、支持第三方插件、真机调试功能、快速高效的编译体验，还有强大的官方团队支持，可以完美满足各层次开发者的需求。

2.2.1　下载及安装

　　推荐在官方网站中下载最新版本的微信开发者工具。在百度搜索引擎中搜索关键词"微信开发者工具"，即可找到相应的下载链接，也可以在《微信官方文档·小程序》的工具模块里下载。另外，推荐使用最新的稳定版，当前最新的稳定版是 1.05.2108150，更新时间为2021.08.15。

微信开发者工具的安装比较简单，一般没有软件冲突和错误，也不需要破解，点击"下一步"按钮即可完成。最好的软件用户体验不就是让用户觉得很简单吗？从这个角度讲，微信开发者工具已经成功了一半。

2.2.2 启动页

如果是首次使用或者登录信息过期，那么在启动之后会进入登录页，需要使用开发者的微信进行扫码登录，微信开发者工具将使用这个微信账号的信息进行小程序的开发和调试，如图 2-7 所示。

如果已经登录成功，则会进入项目列表页面，可以看到当前环境中已经存在的项目列表和代码片段列表。在项目列表中可以选择公众号网页调试，进入公众号网页调试模式中，可以新建项目、导入项目或对已有的项目进行管理，如图 2-8 所示。

图 2-7 微信开发者工具登录页面

图 2-8 项目列表页面

2.2.3 新建项目

点击项目列表页的"+"图标按钮，进入"创建小程序"页面，如图 2-9 所示。在该页面中可以选择要创建的项目类型。如果选择创建小程序项目，则需要填写项目名称（可以为中文)、目录（工程文件夹路径，最初应该为空）、AppID（详见本书 2.1.2 小节），"开发模式"通常为"小程序"，"后端服务"为"不使用云服务"（使用云服务的话，工程会添加相关资源），最后点击"确定"按钮。在微信开发工具中创建好工程之后会进入主页面。

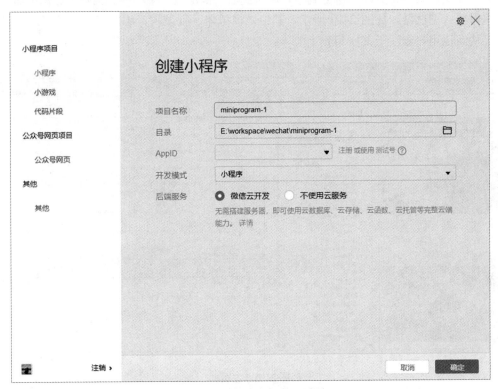

图 2-9 "创建小程序"页面

2.2.4 导入项目

我们怎么快速使用从网络上下载的开源项目呢？使用微信开发者工具的导入功能可以解决这个问题。

第一步：解压项目。通常，从网络上下载的项目都是压缩文件，我们需要把它们解压缩，这样微信开发者工具才能正常识别。为了更集中地管理，建议将解压缩后的文件夹移动到微信项目目录中。

第二步：选择导入项目。如果微信开发者工具已经启动，并默认进入了上次的项目中，那么我们可以依次选择"项目"→"导入项目"选项；如果启动微信开发工具后打开的是"启动"对话框，那么我们可以点击右上角的"导入"按钮，并在弹出的文件夹选择对话框中选择第一步中准备好的项目目录。

第三步：修改 AppID。在第二步完成之后，微信开发者工具就会显示"导入项目"对话框，这个对话框和"新建项目"对话框类似。在"导入项目"对话框中，我们既可以重命名项目，又可以重新选择导入的项目路径，但是最关键的是修改 AppID。从网络上下载他人的项目，其 AppID 我们是不可以使用的，必须修改成自己的才能正常地开发使用，否则会提示该 AppID 不可用。

2.2.5 主页面

微信开发者工具主页面，从上到下，从左到右，依次为：菜单栏、工具栏、模拟器、目录树、编辑器、调试器，如图 2-10 所示。其中，模拟器、目录树、编辑器、调试器均可以实现隐藏，从而让用户专注于某一事物。

图 2-10 主页面

菜单的主要内容如表 2-1 所示。

表 2-1 微信开发者工具主页面一、二级菜单

一 级 菜 单	二 级 菜 单
项目	新建项目：快速新建项目
	打开最近：查看最近打开的项目列表，并选择是否进入对应项目
	查看所有项目：在新窗口中打开启动页的项目列表页面
	关闭当前项目：关闭当前项目，回到启动页的项目列表页面
文件	新建文件
	保存
	保存所有
	关闭文件
	编辑：查看编辑相关的操作和快捷键
工具	编译：编译当前小程序项目
	刷新：与编译的功能一致，由于历史原因保留对应的组合键 Ctrl+R
	编译配置：普通编译或自定义编译条件
	前后台切换：模拟客户端小程序进入后台运行和返回前台的操作
	清除缓存：清除文件缓存、数据缓存、授权数据
	界面：控制主页面窗口模块的显示与隐藏

续表

一 级 菜 单	二 级 菜 单
设置	外观设置：控制编辑器的配色主题、字体、字号、行距
	编辑设置：控制文件保存的行为、编辑器的表现
	代理设置：选择直连网络、系统代理或手动设置代理
	通知设置：设置是否接收某种类型的通知
微信开发者工具	切换账号：快速切换登录用户
	关于：关于微信开发者工具
	检查更新：检查版本更新
	开发者论坛：前往开发者论坛
	开发者文档：前往开发者文档
	调试：调试开发者工具或编辑器
	更换开发模式：快速切换公众号网页调试和小程序调试
	退出：退出微信开发者工具

在工具栏中，点击用户头像可以打开"个人中心"页面，在这里可以便捷地切换用户和查看微信开发者工具收到的消息。点击模拟器、编辑器、调试器、可视化、云开发对应的图标按钮可以显示或隐藏相应的区域。工具栏中间的编译选项有"普通编译"选项和"自定义编译"选项。另外，工具栏提供了清除缓存的快速入口，可以便捷地清除工具上的文件缓存、数据缓存、授权数据等，方便开发者进行调试。工具栏最右侧是开发辅助功能的区域，在这里可以上传代码、版本管理、查看项目详情。

2.2.6　模拟器

模拟器可以模拟小程序在微信客户端的表现。小程序的代码通过编译后可以在模拟器上直接运行。开发者可以选择不同的设备，或者添加自定义设备来测试小程序在不同尺寸机型上的适配情况，可以设置不同的手机字号，也可以切换各种网络状态，还可以模拟各种手机操作（Home 键、返回键等）。在模拟器底部的状态栏中可以看到当前运行小程序的场景值、页面路径及页面参数，如图 2-11 所示。

在每次主动保存代码之后，微信开发者工具都会重新编译，模拟器也会自动刷新。如果觉得模拟器调试还不够的话，那么可以使用真机调试，点击工具栏的"真机调试"按钮，即可使用微信扫码调试或自动真机调试。

图 2-11　模拟器

2.2.7　调试器

调试器是微信开发工具的亮点，功能十分强大，对开发者特别是初学者的帮助非常大。代码调试是开发者工具最主要的功能之一，包括界面调试和逻辑调试。nw.js 对<webview/>提供了打开 Chrome Devtools 调试界面的接口，使开发者工具具备对小程序的逻辑层和渲染层进行调试的能力。也就是说，微信小程序的调试器是在 Google 的 Chrome Devtools 基础上进行扩展和定制的。调试器面板众多，常用的有 Wxml、Console、Sources、Network、Memory、AppData、Storage、Security 和 Sensor 等。

Wxml 面板用于帮助开发者开发 WXML 转化后的页面。在这里可以看到真实的页面结构以及结构对应的 wxss 属性，同时可以通过修改对应的 wxss 属性，并在模拟器中实时看到修改的情况（仅为实时预览，无法保存到文件中）。通过点击调试器模块左上角的选择器图标按钮，还可以快速定位页面中组件对应的 WXML 代码，如图 2-12 所示。由于调试器是基于 Chrome Devtools 的拓展，所有界面都和 Chrome Devtools 高度相似，因此对于有 Web 前端开发基础的初学者而言是非常友好的。

图 2-12　Wxml 面板

Console 面板主要有两大功能：一是开发者可以在此输入和调试代码；二是可以显示小程序的错误输出。Console 支持如下命令：build，编译小程序；Preview，预览；Upload，上传代码；openVendor，打开基础库所在目录；openToolsLog，打开工具日志目录；heckProxy(url)，检查指定 url 代理的使用情况。

Sources 面板用于显示当前项目的脚本文件，与浏览器开发不同，微信小程序框架会对脚本文件进行编译，所以开发者在 Sources 面板中看到的文件是经过处理之后的脚本文件，开发者的代码会被包裹在 define 函数中，并且对于 Page 代码，在尾部会有 require 的主动调用。在断点调试的时候，首先需要在面板的 Page 模块里选择需要调试的 JS 文件（instanceframe 目录中带 sm 提示的文件），然后在对应行号的左边单击打断点，被断点的行号为深蓝色背景，在运行时可以观察堆栈（Call Stack）里面的变量，如图 2-13 所示。需要特别注意的一点是，当代码运行到断点的时候，整个小程序都停止了，所以模拟器会出现白屏或者无法操作的情况。

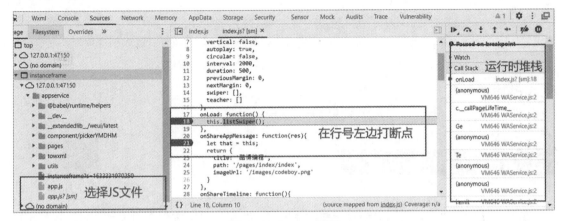

图 2-13　Sources 面板

Network 面板用于观察和显示 request 和 socket 的请求情况，包括但不限于 wx.request()、WebSocket、腾讯云函数等。需要特别注意的是，uploadFile 和 downloadFile 暂时不支持在 Network 面板中查看，虽然它们也是典型的网络请求。Network 面板可以过滤不同类型的网络请求，包括 Cloud（腾讯云服务）、XHR（Ajax 异步请求）、JS、CSS、Img、Media、Font 等。在选择某个网络请求之后，开发者可以查看的信息包括 Headers、Preview、Response、Initiator、Timing，如图 2-14 所示。

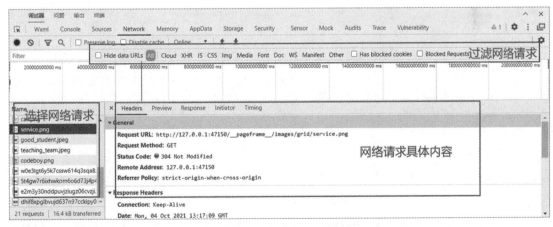

图 2-14　Network 面板

Storage 面板用于显示当前小程序对于 Storage 的使用情况，即使用 wx.setStorage 或者 wx.setStorageSync 后数据的存储情况。Storage 是基于 key-value 形式的，可以直接对数据进行删除（按 Delete 键）、新增、修改，如图 2-15 所示。

图 2-15　Storage 面板

2.3　小程序 Hello World

微课：小程序 Hello World

在创建好项目之后，项目中会有一些默认文件，在默认页面中包含页面代码、工程目录树和模拟器效果，如图 2-16 所示。

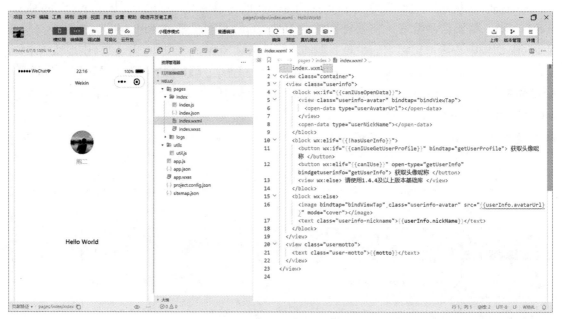

图 2-16　新项目的默认页面

虽然小程序项目一旦创建成功就有 Hello World（默认页面中包含了 Hello World），但是其页面代码过于复杂，初学者很难看懂，我们还是自己动手写一个 Hello World 吧！

第一步：创建新页面 hello。打开 app.json 配置文件，在 pages 属性中增加一项"pages/hello/hello"，并且放在数组的首位，代码如示例 2-1 所示。保存后会发现项目的 pages目录中多了一个 hello 文件夹，如图 2-17 所示。

代码示例 2-1　在 app.json 文件中增加页面 hello

```
{
  "pages":[
    "pages/hello/hello",
    "pages/index/index",
    "pages/logs/logs"
  ],
  /*其他代码省略*/
}
```

图 2-17　创建新页面 hello

第二步：编码 Hello World。打开 hello 目录中的 hello.wxml 文件，删除原有的内容，增加一行代码"<view>Hello World</view>"。

第三步：编译项目。在修改并保存项目中的代码文件之后，微信开发工具会自动重新编译项目，也可以通过点击工具栏的编译按钮进行，在编译完成之后，模拟器会自动更新。最终效果如图 2-18 所示。

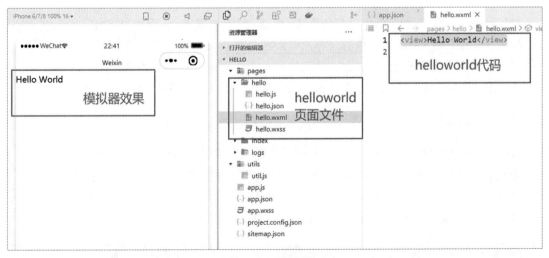

图 2-18　编译项目

2.4　小程序基本概念

　　微信客户端给小程序提供的运行环境被称为宿主或者宿主环境，体现了小程序对微信客户端的依赖性，没有微信客户端这个"宿主"，小程序也就不能独立生存了。微信小程序可以调用微信客户端的功能，这使得微信小程序比普通网页拥有更多的"超能力"。

　　从用户的使用逻辑来说，一个小程序是由多个"页面"（界面）组成的复杂"程序"。这里要区别一下"小程序"和"程序"的概念，我们经常需要在程序 onLoad（启动）或 onUnload（退出）的时候存储数据，或者在页面 onShow（显示）或 onHide（隐藏）的时候做一些逻辑处理；另外，使用微信开发者工具创建的小程序项目，其目录结构主要围绕程序和页面展开，因此了解程序和页面的概念以及它们的生命周期是非常重要的。

2.4.1　程序

　　一般而言，"小程序"指的是产品层面的程序，而"程序"指的是在代码层面运行的程序实例，为了避免混淆，后面统一采用 App 来代替代码层面的"程序"概念。

　　宿主环境提供了 App()构造器方法来注册一个 App，需要特别注意的是，App()构造器方法必须写在项目根目录的 app.js 文件中，其运行的结果是构造一个 App 对象，它是单例对象。开发者可以在其他 JS 脚本中使用宿主环境提供的 getApp()全局方法来获取 App 对象。

　　App()的调用方式比较简单，直接在 app.js 文件中运行即可，微信开发者工具会在创建工程时帮我们完成，我们只需要完善 App()方法的参数配置项，具体内容将在 3.3.1 小节中介绍。

2.4.2　页面

微课：页面

一、页面的组成

　　微信小程序中的一个页面由三部分组成：界面、配置和逻辑。界面由 WXML 文件和 WXSS 文件构成。其中，WXML 文件负责内容，WXSS 文件负责内容的显示样式。配置由 JSON 文件进行描述，页面逻辑则由 JS 脚本文件运行。一个页面的文件需要放置在同一个目录下。其中，WXML 文件和 JS 文件是必须存在的，而 JSON 文件和 WXSS 文件是可选的。

二、页面的配置

　　页面文件所在的目录路径必须在小程序工程根目录文件 app.json 的 pages 字段中声明，否则这个页面不会被注册到宿主环境中，这一过程又叫页面注册。例如，两个页面的文件所在目录的相对路径分别为 pages/index/page 和 pages/log/log，则 pages 配置代码如示例 2-2 所示。pages 的值为一个数组，数组的第一个路径对应的页面为小程序的默认首页。

代码示例 2-2　app.json 文件

```
{
  "pages":[
```

```
    "pages/index/page",                // 第一项默认为首页
    "pages/log/log"
  ]
}
```

三、页面的新建

1．通过 pages 配置项新建

新建页面可以直接通过 pages 完成，参考 2.3 节中的小程序 Hello World，我们可以直接在 pages 中增加一个路径，从而达到新建页面的效果。

2．逐个新建文件

根据页面的构成和配置，我们可以通过微信开发者工具的资源管理器来逐个创建页面目录和 WXML、WXSS、JS、JSON 文件，并通过右击相应的位置，在弹出的快捷菜单中选择相应的命令。最后在 app.json 文件的 pages 配置项中增加页面路径即可。

2.4.3　工程目录结构

微课：工程目录结构

微信小程序代码有着科学合理的项目结构，完整的小程序目录结构包含一个描述整体程序的 App、配置文件和多个描述各自页面的 pages，如图 2-19 所示。

图 2-19　工程目录结构

将工程目录结构转换成目录树，如下所示。

├── app.js
├── app.json
├── app.wxss
├── pages
│   ├── index
│   │   ├── index.wxml
│   │   ├── index.js

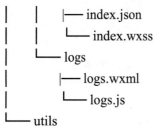

```
|     |     |── index.json
|     |      └── index.wxss
|     └── logs
|          |── logs.wxml
|           └── logs.js
 └── utils
```

　　一个小程序的主体部分由三个文件组成，分别是 app.js、app.json、app.wxss，它们必须放在项目的根目录下，如表 2-2 所示。另外还有两个项目配置文件，project.config.json 是项目配置文件，sitemap.json 是配置小程序及其页面是否允许被微信索引的爬虫配置文件。pages 目录是按照约定保存页面文件的位置。

表 2-2　微信小程序主体部分

文　　件	必　　需	作　　用
app.js	是	小程序全局逻辑脚本文件，提供整个小程序的生命周期方法
app.json	是	小程序全局配置文件，该配置文件极其重要
app.wxss	否	小程序样式全局配置

　　一个页面由四个文件组成，为了方便开发者减少配置项，描述页面的四个文件必须具有相同的路径与文件名，文件类型如表 2-3 所示。

表 2-3　微信小程序页面文件类型

文 件 类 型	必　　需	作　　用
JS	是	页面逻辑，生命周期方法，自定义方法
WXML	是	页面结构，类型 HTML
JSON	否	页面配置
WXSS	否	页面样式表，类型 CSS

2.5　小程序相关学习资料

　　虽然小程序只有短短 4 年历史，但是其学习资料已经非常丰富。微信团队推出的文档类资料有《微信官方文档·小程序》和《小程序开发指南》，社区讨论类网址有微信开放社区。非官方的资料也非常丰富，比如 B 站（哔哩哔哩，bilibili）上丰富的视频资料教程、行家能手出版的技术书籍等，不一而足。众多学习资料中首推《微信官方文档·小程序》，配合官方的"小程序示例"，有助于初学者进行高效快速的学习。

2.5.1　微信官方文档·小程序

　　《微信官方文档·小程序》是学习微信小程序最好的教材。该文档的一级模块有 6 个，分别是开发、介绍、设计、运营、数据、社区，涉及小程序从开发到运营的方方面面。开发者主要关注的是开发模块，开发模块下面设置了 10 个二级模块，分别是指南、框架、组件、API、平台能力、服务端、工具、云开发、云托管、更新日志，虽然信息量非常大，但组织得井井有条，如图 2-20 所示。文档提供了代码片段或完整的代码，可以直接导入到微信开发者工具中（详见 1.2.2 小节）。另外，文档还提供了全文搜索功能。

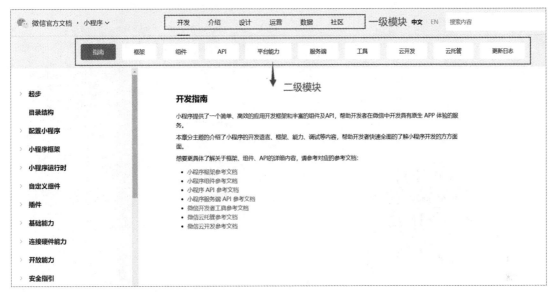

图 2-20　《微信官方文档·小程序》

"指南"模块主要是让开发人员对微信小程序快速上手，有大概的认知，而不纠结于技术细节。"框架"模块讲解了 MINA 框架的基础语法，主要是 WXML 语法，包括数据绑定、列表渲染、条件渲染、模板、引用等。"组件"模块讲解了微信小程序内置的视图组件，包括视图容器、基础内容组件、表单组件、导航组件、媒体组件、map 组件、cavans 组件等。"API"模块讲解了微信小程序客户端的 API，包括基础、路由、跳转、转发、界面、网络、支付、缓存等。"服务端"模块讲解了使用传统 Web 服务端程序（相对腾讯云开发而言）与微信交互的 API，包括登录、用户信息、接口调用凭证、数据分析等服务端 API。"工具"模块讲解了微信开发者工具的使用。"云开发"模块讲解了使用腾讯云开发技术作为微信小程序服务端的情况，这是值得注意的内容，对比传统的 Web 服务端程序，使用腾讯云开发技术作为微信小程序服务端可以大大降低服务端难度、减少总体开发周期、提高程序的安全性。"云托管"模块讲解了使用腾讯云原生全托管的容器后端云服务，支持托管任意语言及框架的容器化应用，创建环境后即可享受能自动扩缩容的容器资源，可面向代码、镜像等多种方式使用，无须服务器运维工作，可使用户更专注于自身的业务。

2.5.2　小程序示例

微课：小程序示例

只有文档和代码当然是不够的，微信团队还开发了"小程序示例"这个小程序，其二维码如图 2-21 所示。

小程序示例讲解了微信小程序主要的组件、API、扩展、云开发等易于展示的特性，如图 2-22 所示。微信团队还在 GitHub 上对其源代码进行了开源。

图 2-21　小程序示例二维码

图 2-22　小程序示例

　　如果我们现在需要实现表单提交操作，特别是提交按钮对应的事件，那么如何结合小程序示例和源代码快速实现呢？

　　第一步：下载并导入源代码。首先在 GitHub 上把整个项目的源代码下载下来，如图 2-23所示。

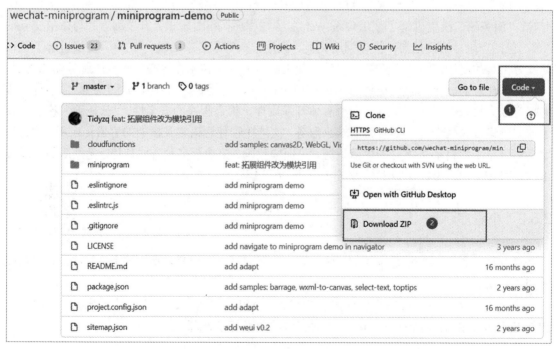

图 2-23　下载源代码

　　下载完成后会得到一个压缩文件 miniprogram-demo-master.zip，解压缩该文件，使用微信开发工具的导入功能导入解压缩后的源代码（需要修改 AppID）。

　　第二步：在小程序示例中找到相应的页面。在小程序示例中选择"表单组件"→"form"选项，进入"form"页面，如图 2-24 所示。点击"Submit"按钮。

图 2-24　"form"页面

　　第三步：查看"form"页面的源文件。使用微信开发者工具，打开在第一步中导入的项目。由于该项目使用了云开发技术，所有目录结构都有异于普通的小程序项目结构，因此我们仅需要关注 miniprogram 中的 pages 目录。pages 目录有四个子目录，分别是 API、cloud、component、WeUI，它们与小程序示例的 4 个底部导航对应，即 API 对应接口、cloud 对应云开发、component 对应组件、WeUI 对应扩展能力。表单属于组件，所以我们需要在 component 目录里查找。我们可以在 component 的 pages 目录中找到"form"页面，并查看其 WXML 文件，可以确定 form 页面文件就是我们要找的页面源代码。

第 3 章

小程序框架

小程序框架的目标是通过尽可能简单、高效的方式让开发者可以在微信中开发具有原生 App 体验的服务。整个小程序框架系统分为两部分：逻辑层（App Service）和视图层（View）。小程序提供了视图层描述语言 WXML 和 WXSS，以及基于 JavaScript 的逻辑层框架，并在视图层与逻辑层之间提供了数据传输和事件系统，让开发者能够专注于数据与逻辑。

小程序代码由配置代码 JSON 文件、模板代码 WXML 文件、样式代码 WXSS 文件、逻辑代码 JavaScript 文件以及 WXS 脚本文件组成。本章主要讲解微信小程序配置代码 JSON 文件的常用配置、WXML 语法（包括数据绑定、列表渲染、条件渲染、模板及引用）等内容。相对于其他原生 App 开发，这些基础框架在学习和使用上的难度更低、效率更高，可以大大提高开发效率。以上内容都是微信小程序编码的基础框架，必须要熟练掌握。

对于微信小程序中的文件类型，小程序框架支持 5 种类型的编码文件，分别是 JS、WXML、JSON、WXSS、WXS。在项目目录中，由于这 5 种类型的文件都会经过编译，因此在上传之后无法直接访问。其中，WXML 和 WXSS 文件仅针对在 app.json 中配置了的页面。此外，微信小程序对于静态文件的使用有严格的限制，除了以上 5 种编码文件，只有后缀名在文件类型白名单内的文件才可以被上传，而不在白名单内的文件只能在开发工具中被访问，但无法被上传。完整的白名单如下：wxs；png；jpg；jpeg；gif；svg；json；cer；mp3；aac；m4a；mp4；wav；ogg；silk；wasm；br，微信小程序仅支持使用这些类型的文件。

3.1 JSON 配置

微课：JSON 定义

JSON 在微信小程序中主要有 3 种使用形态，即 JSON 对象、JSON 字符串、JSON 文件，其使用频率极高。那到底什么是 JSON 呢？

JSON（JavaScript Object Notation）是一种轻量级的数据格式，而不是编程语言。虽然 JSON 使用 JavaScript 语法来描述数据对象，但是它独立于任何语言和平台。JSON 被广泛地应用于互联网应用层的数据传输，已经取代了 XML，成为当下最流行的数据交换格式，更有新型数据库采用 JSON 格式（腾讯云开发数据库）。相对于 XML，JSON 最大的优点是易于开发者进行阅读和编写，开发者通常不需要特殊的工具就能读懂和修改，简单的结构使其非常适合开发者对程序进行阅读和解析。令人印象深刻的是，JSON 的规则简单，简单到令人难以置信，这或许就是对"大道至简"的一种诠释吧。深刻理解 JSON 有助于我们理解 JS 文件的编码，能规避很多低级的语法错误。

3.1.1　JSON 定义

　　JSON 对象是一个无序的键-值对（也称为"名称-值""key-value"）对的集合。一个 JSON 对象以"{"（左括号）开始，"}"（右括号）结束，每个"键"后跟一个":"（冒号），键-值对之间使用","（逗号）分隔。

一、JSON 语法

　　JSON 语法来源于 JavaScript 对象表示语法，是它的一个子集，语法规则如下。

（1）数据在键-值对中。

（2）数据由逗号分隔。

（3）用{}容纳对象。

（4）用[]容纳数组。

二、JSON 的 value

　　在 JSON 中，键-值对中值的数据类型是有限制的，必须是以下数据类型之一。

（1）字符串。

（2）数字。

（3）对象（仅限 JSON 对象，嵌套效果）。

（4）数组（数组的内容可以为 JSON 对象）。

（5）布尔。

（6）null。

　　而在 JavaScript 中，以上的所有数据类型均可使用，外加其他有效的 JavaScript 表达式，包括函数、日期、undefined。

三、JSON 举例

1．简单的 JSON

```
代码示例 3-1　简单的 JSON
{
 "name":"王兴",
 "gender":"女",
 "age":27
}
```

　　该 JSON 共有 3 个键-值对，其中，键 name 和键 gender 的值都是字符串类型，键 age 对应的值是整型。该 JSON 的键均用双引号引用，值的类型均满足要求。

2．复杂的 JSON

```
代码示例 3-2　复杂的 JSON
{
 "name" : "王兴",
```

```
  "gender" : "女",
  "age" : 27,
  "parents" : {
    "mother" : {
      "name" : "李绒",
      "gender" : "女",
      "age" : 49
    },
    "father" : {
      "name" : "王全",
      "gender" : "男",
      "age" : 50
    }
  },
  "hornor" : [{
    "name" : "微信小程序应用开发赛",
    "level" : "省级三等奖"
  }, {
    "name" : "全国职业院校技能大赛云安全技术应用",
    "level" : "国家级三等奖"
  }]
}
```

该 JSON 共有 5 个键-值对，其中，键 parents 表示父母双亲的数据，其值又是 JSON；键 hornor 表示获奖情况，其值为数组，而数组的内容又为 JSON。该示例充分体现了 JSON 的灵活、包容，开发者可以通过数组、JSON 嵌套表达任意复杂的对象。在阅读解析 JSON 的时候一定要分清层级，像手剥洋葱一样，由外及里，逐层分解。

另外还有很多在线的 JSON 校验格式化工具，比如 BeJSON，也可以通过搜索引擎自行搜索其他类似的工具。BeJSON 不但可以进行格式校验，还可以生成 JSON 视图、JSON 排序、JSON 转 Java 实体类，这些工具可以辅助我们学习 JSON，如图 3-1 所示。在左边区域内粘贴编辑好的 JSON 就可以使用格式校验、JSON 视图、JSON 排序等功能了。

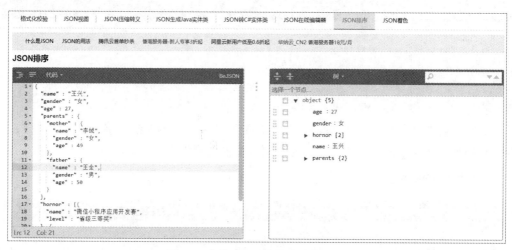

图 3-1　在线 JSON 校验格式化工具

3.1.2 JavaScript 对象、JSON 对象与 JSON 字符串

微课：JavaScript 对象、JSON 对象与 JSON 字符串

一、JavaScript 对象

JavaScript 是面向对象的语言，在 JavaScript 中，一切皆为对象。不仅常用的数据类型是对象，比如字符串、数值、数组、函数等；还有常用的内置对象，比如 String、Date、Array、JSON，以及自定义类型的对象。JavaScript 中的对象是一种特殊的数据，它有属性和方法，通过 "." 的形式进行赋值或访问，访问对象属性的语法是 object.propertyName，访问方法的语法格式是 object.methodName()。另外，由于 JavaScript 是解释性的弱类型语言，因此对某对象属性或方法的修改和使用都非常灵活。受篇幅和侧重点限制，本节仅讲解相关 JavaScript 对象的重点内容，如有兴趣可以系统地进行学习。

1．对象的创建

JavaScript 对象的创建方式较多，比较常用的有使用对象字面量和使用构造函数。

（1）使用对象字面量创建 JavaScript 对象，如代码示例 3-3 所示。

代码示例 3-3　使用对象字面量创建 JavaScript 对象

```
let p = {
  name : "王兴",
  gender :"女",
  age : 27
};
```

（2）使用构造函数的形式创建 JavaScript 对象，如代码示例 3-4 所示。

代码示例 3-4　使用构造函数创建 JavaScript 对象

```
let p = new Object();
p.name = "王兴";
p.gender = "女";
p.age = 27
```

2．为对象增加属性

假设已有对象 p，现在需要给对象 p 增加 job 属性并赋值 "程序员"，解决方法如代码示例 3-5 所示。

代码示例 3-5　为对象增加属性

```
p.job = "程序员"
```

3．为对象增加方法

假设已有对象 p，现在需给对象 p 增加方法，解决方法如代码示例 3-6 所示。

代码示例 3-6　为对象增加方法

```
p.xx = function(){
  console.log("好好学习，天天向上");
}
```

二、JSON 对象

JSON 对象是 JavaScript 对象中的一种特例，不仅在语法上要满足 JSON 的要求，采用键-值对的表达方式，而且其值不能是方法、日期及 undefined，并且键需要用双引号引用。那么既然有 JavaScript 对象了，为什么还要 JSON 对象呢？

其本质上是因为 JSON 对象需要承担双重任务，其一是作为 JavaScript 中的对象，其二是作为可传递的数据在不同的平台系统中流通。前者是因为前端表现层都以 JavaScript 作为逻辑控制语言，因此数据天然就是以 JavaScript 对象（也可能是 JavaScript 对象数组）的形式存在的；后者是因为不同系统间的数据格式是有显著差异的，在不同系统平台之间进行数据交互必须使用通用的数据格式。基于这两点需求，JSON 对象应运而生。

下面是一个 JSON 对象的例子，如代码示例 3-7 所示。

代码示例 3-7　JSON 对象定义

```
let p = {
  "name" : "王兴",
  "gender" : "女",
  "age" : 27
}
```

其实我们也可以通过操作 JavaScript 对象来给 JSON 对象增加方法，但是这样就不是 JSON 对象了，而是 JavaScript 对象。因为方法不作为 JSON 的值，对 JavaScript 方法这样的值不能流转给其他系统使用。对上面的例子执行代码示例 3-8 所示的操作。

代码示例 3-8　为 JSON 对象增加方法

```
p.xx = function(){
  console.log("好好学习，天天向上");
}
```

这时 *p* 就不是 JSON 对象了，而是 JavaScript 对象。

三、JSON 字符串

JSON 字符串是 JSON 对象使用字符串格式表达的结果，其操作非常简单，只需要在最外围（{}）增加引号即可。由于 JavaScript 在表示字符串时不区分单引号和双引号，因此如果键使用了单引号，那么最外层可以用双引号；如果键使用了双引号，那么最外层可以使用单引号，反之亦可，如代码示例 3-9 所示。

代码示例 3-9　JSON 字符串

```
let p='{
  "name" : "王兴",
  "gender" : "女",
  "age" : 27
}'
```

四、相互转换

由于 JSON 是 JavaScript 原生格式，因此，在 JavaScript 中处理 JSON 数据不需要任何特殊的 API 或者工具包。通过内置对象 JSON 调用相应的方法，可以实现 JSON 字符串和 JS 对象、JSON 对象之间的相互转换。

1. JSON 对象转换字符串

在 JavaScript 中，可以使用内置对象 JSON 的方法 stringify()将 JSON 对象转换为 JSON 字符串，如代码示例 3-10 所示。

代码示例 3-10 使用 JSON.stringify()将 JSON 对象转换为字符串

```
let p = {
  "name" : "王兴",
  "gender" : "女",
  "age" : 27
}
let s = JSON.stringify(p);
console.log(s);//运行结果为'{"name":"王兴","gender":"女","age":27}'
```

其运行结果在调试器 Console 中的显示如图 3-2 所示。

```
{"name":"王兴","gender":"女","age":27}
```

图 3-2 JSON.stringify()方法运行结果在调试器 Console 中的显示

2. 字符串转换 JSON 对象

使用 JSON.parse()将 JSON 字符串转换为 JSON 对象，如代码示例 3-11 所示。

代码示例 3-11 使用 JSON.parse()将 JSON 字符串转换为 JSON 对象

```
let s = '{"name":"王兴","gender":"女","age":27}';
let p = JSON.parse(s);
console.log(p);
```

其运行结果在调试器 Console 中的显示如图 3-3 所示。

```
▼{name: "王兴", gender: "女", age: 27} 🔢
    age: 27
    gender: "女"
    name: "王兴"
  ▶ __proto__: Object
```

图 3-3 JSON.parse()方法运行结果在调试器 Console 中的显示

JavaScript 对象、JSON 对象与 JSON 字符串的异同总结如表 3-1 所示。

表 3-1 JavaScript 对象、JSON 对象与 JSON 字符串的异同

区 别	JavaScript 对象	JSON 对象	JSON 字符串
含义	类的实例	类的实例	仅仅是一种数据格式
传输	不能传输	不能传输	可以跨平台数据传输，且传输速度快

区　　别	JavaScript 对象	JSON 对象	JSON 字符串
表现	键-值对的方式，属性不加引号，值可以是函数、对象、字符串、数字、boolean 等	键-值对的方式，属性必须加双引号，值不可以是方法函数、undefined 或 NAN	键-值对的方式，属性必须加双引号，值不可以是方法函数、undefined 或 NAN

举例	let p;
	p.name = "王兴";
	p.gender = "女";
	p.age = 27
		let p = {
		　"name" : "王兴",
		　"gender" : "女",
		　"age" : 27
		}
			let p='{
			　"name" : "王兴",
			　"gender" : "女",
			　"age" : 27
			}'

相互转换	JS 对象转换为 JSON 字符串 JSON.stringify(obj)	JSON 对象转换为 JSON 字符串 JSON.stringify(obj)	JSON 字符串转换为 JS 对象 JSON.parse(str)

3.1.3　JSON 配置文件

　　JSON 除了以 JSON 数据格式或 JSON 对象的形式参与微信小程序开发，还可以是配置文件。它作为配置文件与 JSON 数据格式或 JSON 对象是完全不同的事物，JSON 数据格式是 JavaScript 的对象表达方式，而 JSON 文件是采用 JSON 数据格式的文件，虽然看起来相似，但是有所不同。

　　JSON 文件是被包裹在一个大括号中的，通过 key-value 的方式来表达数据。JSON 文件中的 key 必须包裹在一个双引号中，而 JSON 数据格式中的 key 则不需要。在编辑 JSON 文件的时候忘了给 key 值加双引号或者是把双引号写成单引号都是常见错误。

　　按照 JSON 数据格式的要求，JSON 文件中的 value 只能是以下几种数据格式：数字，包含浮点数和整数；字符串，需要包裹在双引号中；boolean 值，true 或者 false；数组，需要包裹在方括号[]中；对象，需要包裹在大括号{}中；Null，其他任何格式都会触发报错，如 JavaScript 中的 undefined。需要注意的是，JSON 文件中无法使用注释，试图添加注释会引发报错。

　　涉及配置 JSON 文件的有 4 个地方，分别是项目配置文件 project.config.json、索引配置文件 sitemap.json、App 全局配置文件 app.json、页面配置文件"页面名称.json"（页面名称随具体页面名称而变化）。

3.1.4　项目配置文件

　　project.config.json 是当前项目的配置文件，用来设置项目配置的选项，其一级配置及说明如表 3-2 所示。

表 3-2　项目配置文件 project.config.json 的一级配置及说明

字　段　名	类　　型	说　　明
miniprogramRoot	path string	指定小程序源码的目录（需为相对路径）
qcloudRoot	path string	指定腾讯云项目的目录（需为相对路径）
pluginRoot	path string	指定插件项目的目录（需为相对路径）
cloudbaseRoot	path string	云开发代码根目录

续表

字　段　名	类　　型	说　　明
compileType	string	编译类型
setting	object	项目设置
libVersion	string	基础库版本
appid	string	项目的 AppID，只在新建项目时读取
projectName	string	项目名字，只在新建项目时读取
packOptions	object	打包配置选项
debugOptions	object	调试配置选项
watchOptions	object	文件监听配置设置
scripts	object	自定义预处理

3.1.5　索引配置文件

索引配置文件 sitemap.json 是具体设置微信页面索引的地方。微信现已开放小程序内部搜索功能，开发者可以通过 sitemap.json 或者管理后台页面收录的开关来配置其小程序页面是否允许微信索引。当开发者允许微信索引时，微信会通过爬虫的形式为小程序的页面内容建立索引。当用户的搜索词条触发该索引时，小程序的页面将展示在搜索结果中。配置 index/index 页面被索引，而其余页面不被索引，如代码示例 3-12 所示。

代码示例 3-12　索引配置文件 sitemap.json 典型配置

```json
{
  "rules":[{
    "action": "allow",
    "page": "index/index"
  }, {
    "action": "disallow",
    "page": "*"
  }]
}
```

3.1.6　全局配置文件

微课：全局配置文件

app.json 是整个小程序 App 的全局配置文件，位于工程的根目录里，用来对微信小程序进行全局配置，决定页面文件的路径、窗口表现，设置网络超时时间、多 tab 等。该文件包含了部分常用配置选项的 app.json，如代码示例 3-13 所示。

代码示例 3-13　小程序全局配置文件 app.json

```json
{
  "pages": [
    "pages/index/index",
    "pages/logs/index"
```

```
  ],
  "window": {
    "navigationBarTitleText": "Demo"
  },
  "tabBar": {
    "list": [{
      "pagePath": "pages/index/index",
      "text": "首页"
    }, {
      "pagePath": "pages/logs/index",
      "text": "日志"
    }]
  },
  "networkTimeout": {
    "request": 10000,
    "downloadFile": 10000
  },
  "debug": true
}
```

其中，pages 表示配置页面，对应的值是页面路径构成的数组，数组的第一项是小程序默认首页。window 用来配置小程序的全局窗体属性，如导航栏背景颜色、导航栏标题颜色、导航栏标题文字内容、导航栏样式等。tabBar 用来配置底部 tab 栏，其值为数组，数组的子项为JSON。networkTimeout 用来配置网络超时时间，值为整数，单位是毫秒。debug 用来配置是否开启 debug 模式，值为布尔类型。下面就部分重要的一级属性做详细讲解。

一、window

window 属性用于设置小程序的状态栏、导航栏、标题、窗口背景颜色。window 的常用配置项如表 3-3 所示。

表 3-3　window 常用配置项

属　　性	类　　型	默 认 值	描　　述
navigationBarBackgroundColor	HexColor	#000000	导航栏背景颜色，如#000000
navigationBarTextStyle	string	white	导航栏标题颜色，仅支持 black/white
navigationBarTitleText	string		导航栏标题文字内容
navigationStyle	string	default	导航栏样式，仅支持以下值：default 默认样式；custom 自定义导航栏，只保留右上角胶囊按钮
homeButton	boolean	default	在非首页、非页面栈最底层页面或非 tabbar 内页面的导航栏中展示 Home 键
backgroundColor	HexColor	#ffffff	窗口的背景色
backgroundTextStyle	string	dark	下拉 loading 的样式，仅支持 dark/light
backgroundColorTop	string	#ffffff	顶部窗口的背景颜色，仅 iOS 支持
backgroundColorBottom	string	#ffffff	底部窗口的背景颜色，仅 iOS 支持

续表

属　　性	类　型	默　认　值	描　　述
enablePullDownRefresh	boolean	false	是否开启全局的下拉刷新
onReachBottomDistance	number	50	在页面上拉触底事件触发时距页面底部的距离，单位为 px

典型的 window 配置如代码示例 3-14 所示，其页面效果及配置项作用区域如图 3-4 所示。

代码示例 3-14　典型的 window 配置

```
{
  "window": {
    "navigationBarBackgroundColor": "#ffffff",
    "navigationBarTextStyle": "black",
    "navigationBarTitleText": "微信接口功能演示",
    "backgroundColor": "#eeeeee",
    "backgroundTextStyle": "light"
  }
}
```

图 3-4　window 页面效果及配置项作用区域

二、permission

permission 属性用于设置小程序接口权限，其字段类型为对象，该对象属性较多，其 scope 结构如表 3-4 所示。

表 3-4　permission 属性对象的 scope 结构

scope	对 应 接 口	描 述
scope.userLocation	wx.getLocation，wx.chooseLocation，wx.startLocationUpdate	地理位置
scope.userLocationBackground	wx.startLocationUpdateBackground	后台定位
scope.record	live-pusher 组件，wx.startRecord， wx.joinVoIPChat，RecorderManager.start	麦克风
scope.camera	camera 组件，live-pusher 组件，wx.createVKSession	摄像头
scope.bluetooth	wx.openBluetoothAdapter，wx.createBLEPeripheralServer	蓝牙
scope.writePhotosAlbum	wx.saveImageToPhotosAlbum，wx.saveVideoToPhotosAlbum	添加到相册
scope.addPhoneContact	wx.wx.addPhoneContact	添加到联系人
scope.addPhoneCalendar	wx.addPhoneRepeatCalendar，wx.addPhoneCalendar	添加到日历
scope.werun	wx.getWeRunData	微信运动步数

　　例如，小程序要使用到地图，并且需要在地图上显示当前手机的位置，那就需要使用地理位置接口，所以需要在 permission 中配置该授权，如代码示例 3-15 所示，在用户使用获取当前地理位置接口时会出现图 3-5 所示的提示框。

代码示例 3-15　permission 配置

```
{
  "pages": ["pages/index/index"],
  "permission": {
    "scope.userLocation": {
      "desc": "你的位置信息将用于小程序位置接口的效果展示"
    }
  }
}
```

图 3-5　获取当前地理位置授权提示框

　　一般来说，开发者应当在小程序真正需要使用授权接口时，才向用户发起授权申请，并在授权申请中说明要使用该功能的理由，在用户明确同意或拒绝授权之后，其授权关系会记录在后台中，直到用户主动删除该小程序。

　　permission 的其他常用配置项，如 pages、tabBar 等将在后续使用中再做介绍。

3.1.7　页面配置文件

微课：页面配置文件

　　一个完整的小程序视图页面通常由 4 个文件组成，分别是 WXML、WXSS、JS、JSON。其中，JSON 文件（其文件名形式为"页面名称.json"，下文用 page.json 进行指代）是该页面的配置文件，仅用于对本页面的窗体表现进行配置。

在 page.json 中只能设置 app.json 中与键 window 相同的配置项，以决定本页面的窗口表现，故无须配置 window 这个属性。同时，page.json 会覆盖 app.json 中与键 window 相同的配置项，即如果页面配置文件与全局配置文件有冲突，则以 page.json 的配置为准，这一点符合"就近原则"。page.json 的全部配置项如表 3-5 所示。

表 3-5 page.json 的配置项

属 性	类 型	默 认 值	描 述
navigationBarBackgroundColor	HexColor	#000000	导航栏背景颜色，如#000000
navigationBarTextStyle	string	white	导航栏标题颜色，仅支持 black/white
navigationBarTitleText	string		导航栏标题文字内容
navigationStyle	string	default	导航栏样式，仅支持以下值：default 默认样式；custom 自定义导航栏，只保留右上角胶囊按钮
backgroundColor	HexColor	#ffffff	窗口的背景色
backgroundTextStyle	string	dark	下拉 loading 的样式，仅支持 dark/light
backgroundColorTop	string	#ffffff	顶部窗口的背景色，仅 iOS 支持该配置
backgroundColorBottom	string	#ffffff	底部窗口的背景色，仅 iOS 支持该配置
enablePullDownRefresh	boolean	false	是否开启当前页面下拉刷新
onReachBottomDistance	number	50	在页面上拉触底事件触发时距页面底部的距离，单位为 px
pageOrientation	string	portrait	屏幕旋转设置，支持 auto/portrait/landscape
disableScroll	boolean	false	若设置为 true 则页面整体不能上下滚动。只在页面配置中有效，无法在 app.json 中设置
usingComponents	Object	否	页面自定义组件配置
initialRenderingCache	string		页面初始渲染缓存配置
style	string	default	启用新版的组件样式
singlePage	Object	否	单页模式相关配置
restartStrategy	string	homePage	重新启动策略配置

新建的页面文件几乎没有配置项，仅有 usingComponents，且其值为空 JSON。这表示该页面文件在配置时默认使用了全局 app.json 中 window 的配置。新建页面默认的配置文件如代码示例 3-16 所示。

代码示例 3-16 新建页面默认的配置文件

```json
{

  "usingComponents": {}

}
```

开发者可以根据需要对配置文件进行修改，典型的页面配置文件如代码示例 3-17 所示。

代码示例 3-17 典型页面配置文件

```json
{

  "navigationBarBackgroundColor": "#ffffff",

  "navigationBarTextStyle": "black",
```

```
  "navigationBarTitleText": "微信接口功能演示",
  "backgroundColor": "#eeeeee",
  "backgroundTextStyle": "light"
}
```

3.2 WXML 模板

WXML（WeiXin Markup Language）是一套小程序框架设计的标签语言，结合基础组件、事件系统，可以构建出页面的框架。看到这里，肯定会有人想到熟悉的 HTML（Hyper Text Markup Language，超文本标记语言）。是的，WXML 和 HTML 同为标记语言，有很多相似的地方，但两者完全是两个事物，WXML 并不是 HTML 的"套娃"，而是有很多现代前端框架的优点，如数据绑定、列表渲染、条件渲染，这对开发者而言是非常幸福的事情，而这些在传统 HTML 中是无法想象的。

3.2.1 WXML 简介

WXML 文件的后缀名是.wxml，简单的 WXML 语句在语法上同 HTML 非常相似，如代码示例 3-18 所示。

代码示例 3-18　简单的 WXML 语句
```
<!-- pages/hello/hello.wxml -->
<text>hello</text>
```

`<!--    -->`表示注释，这和 HTML 的注释方式一致。`<text></text>`表示 text 文本标签，中间书写 text 标签的内容。

不带有任何逻辑功能的 WXML 基本语法如下所示。

```
<!-- 在此处写注释 -->
<标签名 属性名 1="属性值 1" 属性名 2="属性值 2" ...> ...</标签名>
```

在起始标签内部可以书写该标签相应的属性并赋值，在起始标签和结束标签之间可以书写子标签。一个完整的 WXML 语句由一个开始标签和一个结束标签组成，标签中可以是内容，也可以是其他的 WXML 语句，这一点与 HTML 是一致的。不同的是，WXML 要求标签必须是严格闭合的，没有闭合将会导致编译错误。WXML 的这些基本语法都和 HTML 的一致。下面是一个错误的 WXML 语法，如代码示例 3-19 所示。

代码示例 3-19　错误的 WXML 语法
```
<!--pages/hello/hello.wxml-->
<text>pages/hello/hello.wxml
```

在 WXML 文件中保存该代码之后，编译器会对其进行编译，调试器和模拟器随即提示错误，如图 3-6 和图 3-7 所示。

图 3-6　模拟器上显示 WXML 语法错误　　　图 3-7　调试器的 Console 显示 WXML 语法错误

标签可以拥有属性，属性提供了有关 WXML 元素的更多信息。属性总是定义在开始标签中，除了一些特殊的值为布尔类型的属性，其余属性的格式都以 key="value"的键-值对方式成对出现。需要特别强调的是，WXML 中的属性是大小写敏感的，即 class 和 Class 在 WXML 中是不同的属性，代码示例 3-20 所示是一个简单的文本标签。

代码示例 3-20　简单的文本标签
```
<!--一个简单的文本标签 -->
<text>hello</text>
<!-- view 中包含了 text 标签 -->
<view>
  <text>hello</text>
</view>
```

下面是一个带属性的 image 标签，如代码示例 3-21 所示。其属性 class 指定样式，mode 指定图片的显示模式，src 指定图片的地址。

代码示例 3-21　带属性的 image 标签
```
<image class="user" mode="center" src="/images/header.png"></image>
```

3.2.2　数据绑定

微课：数据绑定

在页面的实际使用中，同一页面的框架通常是固定的，但是不同用户或者同一用户不同时间页面的具体数据可能不同，又或者在用户完成操作后页面发生动态改变。这就要求页面在使用过程中要有动态改变当前页面数据的能力，即传统 Web 前端所说的"动态网页"。其本质是动态的数据，静态的网页，并且在效果上要求数据变化后，页面也即时发生变化。在传统的 Web 前端开发中，开发者使用 JavaScript 通过 DOM 对象来完成页面的实时更新，逻辑控制代码和页面更新代码耦合在一起，开发维护的工作量比较大。而在小程序中，开发者可以使用 WXML 语言所提供的数据绑定功能来完成此项工作。通过"{{变量名}}"语法可以使 WXML 拥有动态渲染的能力，数据的变化能即时地反馈到页面上，还可以在"{{}}"内进行简单的逻辑运算。

一、简单绑定

在小程序开发中，页面和数据采用分离模式，WXML 文件负责页面框架的显示，JS 文件负责提供动态数据、页面生命周期及自定义方法。使用数据绑定功能既可以绑定页面的内容，又可以绑定页面的属性，而且在数据绑定内部还可以进行简单的运算。其基本语法是：用变量表示 WXML 中的动态数据并且用 Mustache 语法（双大括号）将变量包裹起来，变量全部来自于相应页面 JS 文件中 data 对应的值。需要特别强调的是，数据绑定中的变量严格区分大小写。

1. 绑定内容

hello 页面的 JS 文件仅为一个 Page()方法，该方法的参数为一个 JSON，该 JSON 有一个键-值对，该键值的键为 data，值为一个 JSON，即{message : 'Hello World!'}，键 data 的值即为页面数据绑定的数据来源，这是小程序框架确定的，开发者是不能自定义的。hello 页面的 WXML 文件中有一个 view 标签（该标签效果类似 HTML 中的 div），其内容为使用 Mustache 语法（双大括号）包裹的变量 message，就这样，WXML 文件中绑定的变量 message 和 JS 文件中 data 属性定义的变量建立了联系。代码示例 3-22 所示代码的运行情景为：在页面 WXML 文件渲染的时候，一旦解析到"{{message}}"数据绑定，就直接去页面 JS 文件的 data 属性中查询，找到以后直接替换相应的值，同时，如果 data 中的值发生变化，那么框架会同步将页面绑定的内容做局部的修改（data 的数据修改将在 3.3.2 小节中进行讲解）。简单地对页面的内容进行数据绑定，绑定内容如代码示例 3-22 所示。

代码示例 3-22　绑定内容

```
<!--WXML 文件-->
<view> {{ message }} </view>

//JS 文件
Page({
  data: {
    message: 'Hello World!'
  }
})
```

2. 绑定属性

我们很多时候不仅需要页面的内容发生变化，还需要组件的属性也是动态变化的，数据绑定也可以应用于组件属性。需要特别强调的是，在对组件属性使用数据绑定功能的时候，组件属性的值仍然需要使用双引号包裹起来，即原来的结构不变。这也印证了数据绑定是在页面渲染之前进行替换的特点。

1）组件属性

简单的绑定组件属性如代码示例 3-23 所示。该 WXML 文件定义了一个 image 标签，该标签 class 属性的值使用数据绑定功能，对应的变量是 head。head 变量与 JS 文件中 data 对应的值为"round"，"round"样式在 WXSS 文件中进行了详细的定义。通过 image 的 class 属性进行数据绑定，可以动态地修改 image 的样式。

代码示例 3-23　绑定组件属性

```
<!--WXML 文件-->
<image class="{{head}}"> </image>

//JS 文件
Page({
  data: {
```

```
    head: "round"
  }
})

/**WXSS 文件**/
.round {
  width: 200rpx;
  height: 200rpx;
  margin: 20rpx;
  border-radius: 50%;
}
```

2）控制属性

微信小程序 WXML 语法中还有控制属性"wx:if"，其值为 boolean 类型，当值为 true 时，该组件显示，否则该组件不显示。代码示例 3-23 所示的页面 WXML 文件定义了一个 view 组件，view 中使用"wx:if"控制属性（意为条件渲染，即值为 true 时该组件显示，值为 false 时该组件不显示，详见 3.2.3 小节）。"wx:if"控制属性的值使用了数据绑定功能，变量是 isShow，该变量在页面 JS 文件 data 中定义的值为 true，因此该 view 将被显示。如果动态地修改了变量 isShow 为 false，那么该 view 将被隐藏，从而实现了动态控制组件显示或隐藏的效果。

代码示例 3-24　绑定控制属性

```
<!--WXML 文件-->
<view wx:if="{{isShow}}">使用数据绑定绑定属性</view>
//JS 文件
Page({
  data: {
    isShow: true
  }
})
```

3）关键字

除了控制属性，很多组件还拥有关键字属性。关键字属性的使用方法有两种：一种是直接在属性中加入该关键字而不赋值；另一种是使用数据绑定功能进行赋值。直接在属性中写入该关键字而不赋值则值为 true，不写入该属性则值为 false。如果为关键字赋值，则将该值当作字符串处理并转换成 boolean 类型，如代码示例 3-25 所示。其中，checkbox 组件默认是否勾选由关键字属性 checked 决定，该示例中关键字属性 checked 的值均为 true。如果想动态地修改关键字属性，则需要使用数据绑定功能，如代码示例 3-26 所示。首先，在页面的 JS 文件 data 中定义变量 isChecked 且值为 false；然后，在页面 WXML 文件中有一个 checkbox 组件，它使用关键字属性 checked，该属性的赋值使用了数据绑定功能，绑定的变量正是 isChecked，所有的 checkbox 组件默认不被勾选。

代码示例 3-25　关键字属性的使用

```
<!--WXML 文件-->
<!--checked 值为 true，正确的写法-->
```

```
<checkbox checked> </checkbox>
<!--checked 值为 true，错误的写法-->
<checkbox checked="true"> </checkbox>
<!--checked 值为 true，错误的写法-->
<checkbox checked="false"> </checkbox>
```

代码示例 3-26　关键字属性的数据绑定
```
<!--WXML 文件-->
<checkbox checked=="{{isChecked}}"> </checkbox>
//JS 文件
Page({
  data: {
    isChecked: false
  }
})
```

3. 简单运算

数据绑定不仅可以简单地绑定某个变量，还可以在"{{}}"内进行简单的运算，并支持以下几种运算方式。

1）三目运算

三目运算几乎是所有语言都支持的语法，数据绑定功能也支持该运算方式。代码示例 3-27 所示的页面 WXML 文件中有一个 view 组件，该 view 中定义了样式，但是该样式是根据登录者的不同角色进行选择的，如果 role 为 admin，那么最终样式为 admin；如果 role 不为 admin，那么最终样式为 user。通过使用数据绑定结合三目运算可以很好地实现两种样式的选择。

代码示例 3-27　在数据绑定内部进行三目运算
```
<!--WXML 文件-->
<view class="{{role=='admin' ? 'admin' : 'user'}}">...</view>
```

2）算术运算

除了三目运算，数据绑定功能还支持算术运算，如代码示例 3-28 所示。该页面 WXML 文件里有一个 view 组件，该 view 中有两个数据绑定，第一个是绑定 a+b 的结果，第二个只是绑定变量 c，所有 view 组件的最终内容都为"3+3+d"。

代码示例 3-28　在数据绑定内部进行算术运算
```
<!--WXML 文件-->
<view> {{a + b}} + {{c}} + d </view>
//JS 文件
Page({
  data: {
    a: 1,
    b: 2,
    c: 3
  }
})
```

3）逻辑判断

数据绑定功能还支持逻辑判断，代码如示例 3-29 所示。该页面 WXML 文件定义了 view 组件，该 view 有属性 wx:if，其值为 boolean 类型，如果为 true，则渲染当前组件，否则不渲染当前组件。"{{length > 5}}"则是一个数据绑定逻辑运算的结果，也就是 boolean 类型。

代码示例 3-29　在数据绑定内部进行逻辑判断

```
<!--WXML 文件-->
<view wx:if="{{length > 5}}"> </view>
```

4）字符串运算

数据绑定可以像普通 JavaScript 环境一样实现字符串拼接般的字符串运算效果，代码如示例 3-30 所示。

代码示例 3-30　在数据绑定内部进行字符串运算

```
<!--WXML 文件-->
<view>{{"hello" + name}}</view>
//JS 文件
Page({
  data:{
    name: 'MINA'
  }
})
```

5）数据路径运算

除了简单的基本数据类型，数据绑定还可以通过数据路径运算实现绑定对象属性、数组项的效果。代码示例 3-31 所示的页面 WXML 文件定义了一个 view 组件，该 view 的值为 3 个数据绑定，第一个绑定的结果是字符串，第二绑定的结果是复杂对象 JSON，第三个绑定的结果是数组选项，其运行模拟器结果如图 3-6 所示。

需要特别说明的是，如果数据绑定的内容不是 JavaScript 基本数据类型而是 JSON 对象，那么将无法正常解析而直接显示为[object Object]，结果如图 3-8 所示。

代码示例 3-31　在数据绑定内部进行数据路径运算

```
<!--WXML 文件-->
<view>{{info.name}} {{info.address}} {{books[0]}}</view>
//JS 文件
Page({
  data: {
    info: {
      name: '胡磊',
      address: {
        city: "成都",
        street: "新都区东风西街"
      }
    },
    books: ['Java 编程思想', 'Android 第一行代码']
```

```
    }
})
```

图 3-8　数据绑定中数据路径运算结果

二、组合

除了简单的绑定，使用数据绑定功能还可以在 Mustache（数据绑定语法双大括号"{{ }}"）内直接进行组合，构成新的对象或者数组。

1．数组

在代码示例 3-32 所示的页面 WXML 文件中有一个 view 组件，其值为一个数据绑定的数组，该数组中只有变量 zero，该变量在页面 JS 文件 data 中定义的值为 0，所以最终的数组就是[0, 1, 2, 3, 4]，而简单数组是可以直接显示的，因此页面的最终内容为 0,1,2,3,4。

代码示例 3-32　数据绑定用于数组

```
<!--WXML 文件-->
<view>{{[zero, 1, 2, 3, 4]}}</view>
//JS 文件
Page({
  data: {
    zero: 0
  }
})
```

最终组合成数组[0, 1, 2, 3, 4]。

2．对象

1）在组合对象中绑定基本数据类型

有时侯我们需要动态地构造一个对象，数据绑定支持在组合中绑定数据从而构造对象。在代码示例 3-33 所示的页面 WXML 文件中，view 组件的内容为一个数据绑定，数据绑定的内容是组合对象，其中有变量 xm 和 nn，该变量对应基本数据类型，最终组合成的对象是{name: "陈晓", age: 21}。需要注意的是，因为 view 无法解析复杂对象，所以页面视图最终显示的是[object Object]，这里只是简单举例。

代码示例 3-33　在组合对象中绑定基本数据类型

```
<!--WXML 文件-->
<view>{{name: xm, age: nn}}</view>
//JS 文件
Page({
  data: {
```

```
    xm: "陈晓",
    nn: 21
    }
  }
})
```

2）在组合对象中绑定对象

还可以在数据绑定组合对象中使用扩展运算符 "..." 来将一个对象展开，如代码示例 3-34 所示。

代码示例 3-34　在组合对象中绑定对象

```
<!--WXML 文件-->
<view>{{...json1, ...json2, city: "成都"}}</view>
//JS 文件
Page({
  data: {
    json1: {
      name: "陈晓",
      age: 21
    },
    json2: {
      sex: "女",
      tel: "173"
    }
  }
})
```

最终组合成的对象如下。

```
{
    name: "陈晓",
    age: 21,
    sex: "女",
    tel: "173",
    city: "成都"
}
```

三、特别注意事项

1. 大小写敏感

数据绑定中的变量名是严格区分大小写的，即 {{id}} 和 {{ID}} 是两个不同的变量。大小写敏感对于大多数语言都是适用的，因此严格区分大小写是一个非常好的编程习惯。在代码示例 3-35 中，小写变量 i 和大写变量 I 的区分非常明确。

代码示例 3-35　大小写敏感

```
<!--WXML 文件-->
<view>{{w}}</view>
```

```
<view>{{W}}</view>
//JS 文件
Page({
  data: {
    i: 'i',
    I: 'I'
  }
})


<!--页面显示结果-->
i
I
```

2. 变量未定义、undefined 和 null 的情况

还需要注意的是，没有被定义的变量和被设置为 undefined 的变量不会被同步到 WXML 中，而被设置为 null 的变量会被同步到 WXML 中，如代码示例 3-36 所示，其渲染结果如图 3-9 所示。

代码示例 3-36　变量未定义、undefined 和 null 的情况

```
<!--WXML 文件-->
<view>{{var1}}</view>
<view>{{var2}}</view>
<view>{{var3}}</view>
<view>{{var4}}</view>
//JS 文件
Page({
  data: {
    var2: undefined,
    var3: null,
    var4: "var4"
  }
})
```

图 3-9　数据绑定中变量未定义、undefined 和 null 的渲染结果

3.2.3　简易双向绑定

微课：简易双向绑定

在前面的讲解中，普通属性的绑定是单向的。例如下面的语句。

```
<input value="{{value}}" />
```

　　如果使用 this.setData({ value: 'leaf' })来更新 value，则 this.data.value 和输入框中显示的值都会被更新为 leaf。但是，如果用户修改了输入框中的值，则不会同时改变 this.data.value。

　　如果想在用户输入的同时改变 this.data.value，则需要借助简易双向绑定机制。此时，可以在对应项目之前加入"model:"前缀，如下所示。

```
<input model:value="{{value}}" />
```

　　这样，如果输入框的值被改变了，那么 this.data.value 也会同时改变。同时，WXML 中所有绑定了 value 的位置也会被一同更新，数据监听器也会被正常触发。

　　但用于双向绑定的表达式有如下限制，即只能绑定一个单一字段。

```
<input model:value="值为 {{value}}" />
<input model:value="{{ a + b }}" />
```

　　上述语句都是非法的，另外，简易双向绑定机制也不能使用 data 层级路径，如下所示。

```
<input model:value="{{ a.b }}" />
```

　　上述语句也是非法的。

3.2.4　条件渲染

微课：条件渲染

　　在开发实战中，我们经常会遇到不同用户或者同一用户在不同场景下需要对某页面同一块内容进行显示和隐藏之间的切换。在传统的 HTML 中，我们通常是取得该内容的 DOM 节点，从而对其隐藏。而在微信小程序中，框架为我们提供了条件渲染，让视图的显示和隐藏切换变得非常简单。

一、wx:if

　　我们可以在某组件属性中使用 wx:if=""来判断是否需要渲染该代码块，即根据条件判断的结果来决定是否渲染该组件，所以无论是条件渲染的中文还是英文都是非常贴切的。在代码示例 3-37 所示的页面 WXML 文件中，view 组件的组件属性 wx:if 使用了数据绑定功能，其变量 condition 为 false，所以最终该 view 没有被渲染。

代码示例 3-37　wx:if 条件渲染

```
<!--WXML 文件-->
<view wx:if="{{condition}}"> {{condition}} </view>
//JS 文件
Page({
  data: {
    condition: false,
  }
})
```

二、block wx:if

　　因为 wx:if 是一个控制属性，所以需要将它添加到一个标签上。如果要一次性同时判断多个组件标签，则需要对每个组件都逐个加上 wx:if。微信小程序提供了 block 标签来解决这个问题。block 并不是一个组件，它仅仅是一个包装元素，不会在页面中做任何渲染，而只接受控制属性。我们可以使用一个 block 标签将多个组件包装起来，并在该标签中使用 wx:if 控制属性，而不需要在多个组件标签上使用 wx:if，这就提供了极大的方便。在代码示例 3-38 所示的页面 WXML 文件中有 block 标签，该标签的内容为三个 view，它使用 wx:if 条件渲染属性，其值为数据绑定的变量 condition，而 condition 的值为 true，所以最终 block 的内容将全部被渲染。

代码示例 3-38　block wx:if 实现多个组件同时条件渲染（1）

```
<!--WXML 文件-->
<block wx:if="{{condition}}">
  <view> view A </view>
  <view> view B </view>
  <view> view B </view>
</block>
//JS 文件
Page({
  data: {
    condition: true,
  }
})
```

三、wx:if 和 hidden 的异同

hidden 是组件的关键字属性，表示隐藏当前组件。从用户的角度来说，hidden 和 wx:if 都可以实现组件的隐藏。在代码示例 3-39 所示的页面 WXML 文件中有两个 view 组件，第一个 view 使用了 wx:if 属性，其值为数据绑定变量 condition，而变量 condition 的值为 false，故第一个 view 不显示；第二个 view 使用了关键字属性 hidden，其值为数据绑定变量 condition 的取反，而变量 condition 的值为 false，故第二个 view 也不显示。那么这是否意味着 wx:if 和 hidden 在效果上就完全等价呢？

代码示例 3-39　block wx:if 实现多个组件同时条件渲染（2）

```
<!--WXML 文件-->
<view wx:if="{{condition}}"> view A </view>
<view hidden="{{!condition}}"> view B </view>
//JS 文件
Page({
  data: {
    condition: false,
  }
})
```

wx:if 中的模板通常都会包含数据绑定，所以当切换 wx:if 的条件值时，框架有一个局部渲染的过程，它会确保 wx:if 作用的组件在切换时被销毁或重新渲染。另外，wx:if 也是惰性的，如果初始渲染条件为 false，则框架什么也不会做，只有在条件第一次变成 true 的时候才开始

局部渲染。

　　而 hidden 就简单得多，它作用的组件无论如何都会被渲染，它的作用只是简单地控制显示或隐藏。总的来说，wx:if 有更高的切换消耗，适合低频切换显示或隐藏的场景，而 hidden 有更高的初始渲染消耗，后期切换成本较低，适合高频切换显示或隐藏的场景。因此，如果场景需要频繁切换，则用 hidden 更好；如果在初始运行时渲染条件不大可能改变，则用 wx:if 更佳。

3.2.5　列表渲染

微课：列表渲染

　　在 Web 前端开发中经常会遇到这种情况，从服务端获取数据并将该数据显示为一个列表，该列表非常有规律，其子项的结构完全相同，比较典型的就是表格。而这只是表面现象，其本质是该列表所展示的数据具有完全相同的结构。在微信小程序中，我们可以使用列表渲染来展示具有相同结构的数据。

一、wx:for

　　我们可以在组件上使用 wx:for 来控制属性绑定一个数组，即利用该组件逐个渲染数组中的全部数据，最终形成一个列表视图，这就是列表渲染。在组件中，我们可以通过数据绑定功能访问数组中的数据，默认数组当前项的下标变量名为 index，默认数组当前项的变量名为 item。在代码示例 3-40 所示的页面 WXML 文件中，view 组件使用了 wx:for 控制属性，该属性的值为数据绑定变量 search，变量 search 的值为数组，view 的内容为该数组的数据。页面在渲染该 view 时，会遍历 search 数组，使用每一项数据来反复渲染该 view。在 view 中可以使用当前遍历的数组子项 item（默认名可以自定义）及其下标索引变量 index（默认名可以自定义）。最终模拟器效果如图 3-10 所示，调试器最终页面 WXML 如图 3-11 所示。从实际渲染 WXML 的内容看，该 view 重复渲染了三次，与数组完全一致。

代码示例 3-40　wx:for 控制属性实现列表渲染

```
<!--WXML 文件-->
<view wx:for="{{search}}">
  {{index + 1}}. {{item.keyword}}——{{item.count}}
</view>
//JS 文件
Page({
  data: {
    search: [{
      keyword: '航天员太空过年吃啥馅饺子?',
      count: "497 万"
    }, {
      keyword: '南北方陆续迎来下半年来最冷清晨',
      count: "485 万"
    }, {
      keyword: '嫌银行态度差男子取 500 万元现金',
      count: "470 万"
```

```
    }]
  }
})
```

图 3-10　wx:for 控制属性实现列表渲染模拟器效果　　　　图 3-11　调试器最终页面 WXML

二、修改索引和数组项的名称

使用 wx:for-index 可以指定数组当前项的下标变量名，而使用 wx:for-item 可以指定 wx:for 数组当前元素的变量名，如代码示例 3-41 所示。属性 wx:for-index="idx" 指定了数组下标索引变量名为 idx，属性 wx:for-item="itm" 指定了数组当前元素的变量名为 itm，因此在 view 中就能直接使用变量 idx 和 itm 了。

代码示例 3-41　wx:for 控制属性实现列表渲染

```
<view wx:for="{{array}}" wx:for-index="idx" wx:for-item="itm">
  {{idx}}: {{itm.message}}
</view>
```

三、wx:for 嵌套

wx:for 还可以嵌套使用，效果类似计算机语言中的 for 循环嵌套。代码示例 3-42 所示属于内部循环和外部循环独立运行的情况，但是内部循环的最终内容显示是依赖于外部循环变量的，该循环嵌套最终实现了九九乘法表，运行效果如图 3-12 所示。

代码示例 3-42　wx:for 嵌套实现九九乘法表

```
<view wx:for="{{[1, 2, 3, 4, 5, 6, 7, 8, 9]}}" wx:for-item="m">
  <view wx:for="{{[1, 2, 3, 4, 5, 6, 7, 8, 9]}}" wx:for-item="n">
    <view wx:if="{{n>=m}}">
      {{m}} × {{n}} = {{m * n}}
    </view>
  </view>
</view>
```

图 3-12　wx:for 嵌套实现九九乘法表效果（不完整）

四、block wx:for

block wx:for 类似 block wx:if，也可以用在<block/>标签中，实现重复渲染一个包含多节点的结构块。显然在很多情况下，我们用的更多的是 view wx:for，但是在特殊情况下，block wx:for 也有其价值。代码示例 3-43 所示的列表渲染总共构造了 6 个完全平行的 view，其运行效果如图 3-13 所示，WXML 渲染解析后得到真实的页面结构如图 3-14 所示。

代码示例 3-43　block 标签使用 wx:for

```
<block wx:for="{{['a', 'b', 'c']}}">
 <view> {{index}}: </view>
 <view> {{item}} </view>
</block>
```

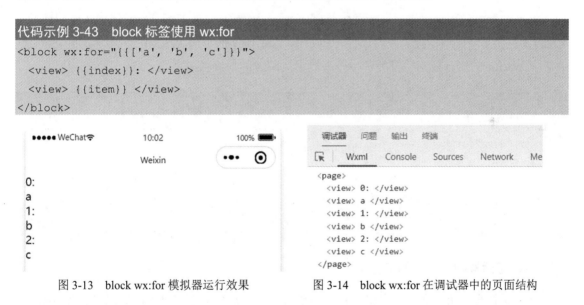

图 3-13　block wx:for 模拟器运行效果　　　　图 3-14　block wx:for 在调试器中的页面结构

五、wx:key

如果列表中项目的位置会动态改变或者有新的项目添加到列表中，并且希望列表中的项目保持自己的特征和状态（如 input 中的输入内容，switch 的选中状态），则需要使用 wx:key 来指定列表中项目的唯一标识符。

wx:key 的值按照以下两种形式提供。

（1）字符串，代表在 wx:for 循环中的数组子项的某个属性，在列表中，该属性的值应当具有唯一性（比如学号、身份证号等），只能是字符串或数字，并且不能动态改变。

（2）保留关键字*this 代表在 wx:for 循环中的数组子项本身，这种表示形式需要数组子项本身是一个唯一的字符串或者数字，所以*this 其实是（1）的一种特殊情况。

如果不提供 wx:key，则会提示一个 warning。如果明确知道该列表是静态的，或者不必关注其顺序，则可以选择忽略，如图 3-15 所示。

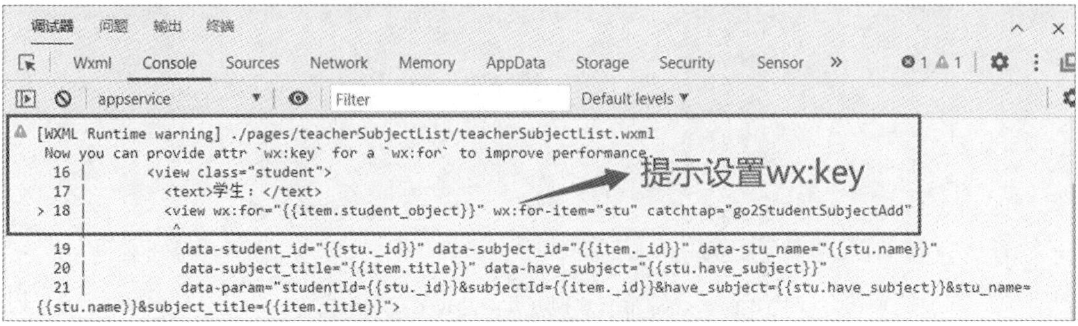

图 3-15　若不提供 wx:key 则调试器 Console 会有警告信息

而如果是动态的并且需要保持数据的状态，则必须要明确指定 wx:key。当数据的改变触发渲染层重新渲染时，框架会校正带有 key 的组件，并确保他们被重新排序，而不是被重新创建，从而确保组件能保持自身的状态，并且提高列表渲染的效率。

六、字符串作为 wx:for 的值

我们知道在很多语言中，字符串的底层结构是字符数组，即字符串本身就是数组，因此控制属性 wx:for 的值也可以为字符串。代码示例 3-44 所示的页面 WXML 文件有两个 view 组件，其 wx:for 的值分别为字符串和字符串数组，两者的最终效果完全一致。

代码示例 3-44　字符串作为 wx:for 的值

```
<!--WXML 文件-->
<view wx:for="String">
  {{item}}
</view>
<view wx:for="{{['S', 't', 'r', 'i', 'n', 'g']}}">
  {{item}}
</view>
```

七、花括号和引号之间有空格

如果花括号和引号之间有空格，那么该数组最终会被解析为字符串，如代码示例 3-45 所示。wx:for="{{[1,2,3]}} "，在结束花括号和双引号之间有空格，那么中括号中的内容将被理解为字符串（包括分隔符逗号），最终运行效果如图 3-16 所示。这对我们的警示是 wx:for 中必须慎用空格。

代码示例 3-45　wx:for 的花括号和引号之间有空格

```
<!--WXML 文件-->
<view wx:for="{{[1,2,3]}} ">
  {{item}}
</view>
```

```
<view wx:for="{{[1,2,3]}} ">
  {{item}}
</view>
```

图 3-16　wx:for 花括号和引号之间有空格的运行效果

3.2.6　模板

微课：模板

在前端开发中，有些页面的部分内容要在多个页面中重复使用，如果这些代码重复出现的话，则会形成代码冗余，并且不利于后期维护。比较典型的有页面底部的版权信息模块，大部分页面都会在底部添加，如图 3-17 所示。

图 3-17　页面底部的版权信息、模块

为了让相同的页面代码能够复用并解决代码冗余的问题，微信小程序提供了模板机制，开发者可以把需要重复使用的代码定义为模板并命名，在本页面或其他页面中通过引用来进行使用。

一、定义

在 WXML 文件中，模板是以<template>开始，以</template>结束的一段代码，开发者可以通过 name 属性为该模板定义一个名称。在实际开发中，通常要单独新建一个专用 WXML 文件并将所有的模板放置在这个文件中。在代码示例 3-46 所示的 template.wxml 文件中使用了 template 标签，并通过 name 属性定义了一个名为 publishInfo 的模板，该模板中有几个简单的 view，主要用于显示文章发布的信息，模板中变化的部分可以使用数据绑定变量来指代。

代码示例 3-46　模板定义示例

```
<!--template.wxml 文件-->
<template name="publishInfo">
  <view class="info">
```

```
    <view class="publisher">{{publisher}}</view>
    <view class="createTime">{{createTime}}</view>
  </view>
</template>
<!--使用 publishInfo 模板-->
<template is="publishInfo" data="{{...article}}" />

//JS 文件
Page({
  data: {
    article: {
      publisher: "小酷同学",
      createTime: "2021-11-11"
    }
  }
})


/**app.wxss 文件**/
.info{
  display: flex;
  flex-direction: row;
  margin-top: 10rpx;
  padding: 0 80rpx;
  color: var(--weui-FG-1);
  font-size: 26rpx;
}
.publisher{
  width: 340rpx;
  text-align: left;
}
.createTime{
  width: 340rpx;
  text-align: right;
}
```

二、使用

　　模板既可以在其定义文件内部使用，又可以在其他文件中使用，我们先尝试在模板定义文件的内部使用。在使用模板时，依然是使用 template 标签，并需要给 template 标签指定 is 和 data 属性。其中，is 属性的值为要使用的模板名称 publishInfo，data 为给模板使用的数据，该数据通常为 JSON 并且包含模板中使用的变量，如代码示例 3-46 所示。变量 article 包含属性 publisher 和 createTime，而这两个属性正是 publishInfo 模板定义中要用到的，其运行效果如图 3-18 所示。

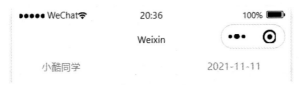

图 3-18　publishInfo 模板的使用

另外，在使用过程中，如果写错模板的名称，即 is 的值没有相应的模板，则调试器不会报错，同时模拟器会直接忽略该模板。

3.2.7　引用

模板仅在定义处使用的意义不大，因为模板的定位是"一处定义、多处使用"，而实现模板的效果，即将模板用于其他文件中则需要先进行引用，完整引用有以下 3 个要点。

1）引用

引用的语法非常简单，在 WXML 文件中使用 import 标签，通过 src 属性指定模板文件的路径即可（可以是相对路径，也可以是绝对路径）。需要特别注意的是，按照习惯我们一般将 import 标签放在 WXML 文件的开始，但实际上 import 语句位置对整体没有任何影响。

2）使用

在 WXML 文件中通过 template 标签使用模板，利用 is 属性指定模板名称，利用 data 属性指定模板使用的数据。

3）数据

我们需要在 JS 文件的 data 中准备好数据，该数据名称应与（2）保持一致。

我们在代码示例 3-46 的文件 template.wxml 中定义了 publishInfo 模板，在文件 article.wxml 中使用该模板，并在文件 article.js 中定义数据 article，如代码示例 3-47 所示。最终运行效果与图 3-18 类似，但是页面时间变为了 2021-12-15。

代码示例 3-47　引用模板

```
<!--article.wxml 文件-->
<import src="../template/template.wxml"></import>
<template is="msgItem" data="{{...item}}"/>
//article.js 文件
Page({
  data: {
    article: {
      publisher: "小酷同学",
      createTime: "2021-12-15"
    }
  }
})
```

3.2.8　共同属性

所有 WXML 标签都支持的属性称为共同属性，我们可以在业务需要时在任何组件上添加共同属性，共同属性如表 3-6 所示。

表 3-6　共同属性

属 性 名	类 型	描 述	注 解
id	string	组件的唯一标识	组件在该页面的唯一标识
class	string	组件的样式类	在对应的 WXSS 文件中定义的样式类
style	string	组件的内联样式	可以动态设置的内联样式
hidden	boolean	组件是否显示	所有组件默认为显示
data-*	any	自定义属性	当组件上有事件被触发时，会发送给事件处理函数
bind*/catch*/mut-*	eventHandler	组件的事件	

3.2.9　声明性属性的使用

组件中有很多属性是声明性属性，它们的值是 boolean 类型，这类属性在不声明的时候默认都是 false，声明后可以不用赋值，这时值为 true。最典型的共同属性就是所有组件都有的 hidden。代码示例 3-48 对声明性属性 hidden 进行了各种情况的使用，最终运行效果如图 3-19 所示。

```
代码示例 3-48　声明性属性 hidden 的使用
<!--WXML 文件-->
<view>1.不声明 hidden 属性，则使用默认值 false</view>
<view hidden>2.声明 hidden 属性，但不赋值，则为 true</view>
<view hidden="true">3.声明 hidden 属性，并赋值字符串，则为 true</view>
<view hidden="false">4.声明 hidden 属性，并赋值字符串，则为 true</view>
<view hidden="">5.声明 hidden 属性，并赋值空字符串，则为 false</view>
<view hidden="{{hide}}">6.声明 hidden 属性，并数据绑定赋值布尔类型</view>
//JS 文件
Page({
  data: {
    hide: false
  }
})
```

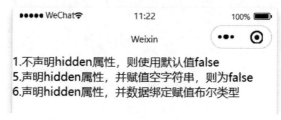

图 3-19　声明性属性 hidden 的运行效果

声明性属性的使用情况总结如下。

（1）不声明，值为 false。

（2）声明，但不赋值，值为 true。

（3）声明，赋值空字符串，值为 false。

（4）声明，赋值任意有值的字符串，值为 true（true 和 false 作为字符串的话，都是 true）。

（5）声明，赋值数据绑定的变量，值为 boolean 类型的变量。

3.3 JavaScript 逻辑交互

微信小程序的主要开发语言是 JavaScript，开发者使用 JavaScript 来开发业务逻辑并调用小程序的 API 来完成业务需求。小程序的开发同普通网页开发中的 JavaScript 相比有很多相似之处，但是二者还是有不少区别的。

JavaScript 是 ECMAScript 标准众多实现中的一种，比较常见的有网页中的 JavaScript、NodeJS 中的 JavaScript、微信小程序中的 JavaScript，这也是它们既有众多共同点又有很多区别的底层原因。

传统网页浏览器中的 JavaScript 是由 ECMAScript、BOM（浏览器对象模型）和 DOM（文档对象模型）组成的，如图 3-20 所示。BOM 和 DOM 模型提供了对象和接口，使开发者可以通过操作浏览器实现一些动态效果，比如页面跳转、修改页面样式、操作缓存等。

图 3-20 网页浏览器中的 JavaScript 组成

小程序中 JavaScript 的组成部分有 ECMAScript、小程序框架和小程序 API，如图 3-21 所示。与网页浏览器中的 JavaScript 相比，小程序的 JavaScript 没有 BOM 以及 DOM 对象，比如 window、document 等，所以类似 JQuery、Zepto 等的传统浏览器类库是无法在小程序中使用的。

图 3-21 小程序中的 JavaScript 组成

小程序开发框架的逻辑层使用 JavaScript 引擎为开发者提供 JavaScript 代码的运行环境以

及微信小程序的特有功能。逻辑层将数据进行处理后发送给视图层，同时接收视图层的事件反馈。开发者的所有代码最终会被打包成一份 JavaScript 文件，并在小程序启动的时候运行，直到小程序被销毁。这一行为类似 ServiceWorker，所以逻辑层也被称为 App Service。

微信小程序团队在 JavaScript 的基础上增加了一些功能，以便开发者对小程序的开发。

（1）增加 App 和 Page 方法，开发者可以进行程序注册和页面注册。

（2）增加 getApp 和 getCurrentPages 方法，开发者可以分别获取 App 实例和当前页面栈。

（3）提供丰富的 API，如微信用户数据、扫一扫、支付等微信特有的功能。

（4）提供模块化能力，每个页面都有独立的作用域。

3.3.1　app.js 文件

app.js 文件是在新建项目时由微信开发者工具创建的文件，该文件是小程序的全局逻辑文件。每个小程序都必须且只能在 app.js 中调用一次 App() 方法来注册小程序实例，从而绑定生命周期回调函数、错误监听和页面不存在监听函数等，App() 即小程序的构造器。

一、App()

代码示例 3-49 所示 app.js 文件的代码比较简单，只有一个调用 App() 的语句。App() 方法调用的参数是一个对象（JSON 格式），该对象的主要作用是提供开发者自定义小程序的生命周期监听方法，开发者可以将具体业务写入相应的生命周期方法中，例如在 onLaunch 方法中完成登录。App() 的参数可配置属性（小程序的生命周期方法）如表 3-7 所示。除了生命周期方法，我们还可以自定义属性和方法，并在其他页面中通过全局 App 对象来访问。这些参数可配置属性并不需要我们全部配置好，仅需配置用得上的即可。

代码示例 3-49　app.js 文件

```
//app.js
App({
  onLaunch: function(options) {
  },
  onShow: function (options) {
  },
  onHide: function () {
  },
  onError: function (msg) {
  },
  globalData: {}
})
```

表 3-7　App() 的参数可配置属性

属　　性	类　　型	必　填	说　　明
onLaunch	function	否	生命周期回调——监听小程序初始化。 小程序初始化完成时触发，全局只触发一次

续表

属　　性	类　　型	必　填	说　　明
onShow	function	否	生命周期回调——监听小程序启动或切换至前台。 在小程序启动或从后台进入前台显示时触发。 与应用级事件 API wx.onAppShow 效果相同
onHide	function	否	生命周期回调——监听小程序切换至后台。 在小程序从前台进入后台时触发。 与 API 形式 wx.onAppHide 效果相同
onError	function	否	错误监听函数。 在小程序发生脚本错误或 API 调用报错时触发。 与 API 形式 wx.onError 效果相同
onPageNotFound	function	否	页面不存在监听函数。 在小程序要打开的页面不存在时触发。 与 API 形式 wx.onPageNotFound 效果相同
onUnhandledRejection	function	否	未处理的 Promise 拒绝事件监听函数。 在小程序有未处理的 Promise 拒绝时触发。 与 API 形式 wx.onUnhandledRejection 效果相同
onThemeChange	function	否	监听系统主题变化。 在系统切换主题时触发。 与 API 形式 wx.onThemeChange 效果相同
其他	any	否	开发者可以添加任意的函数或数据变量到 Object 参数中，在其他页面中可以通过全局 App 对象对其进行访问

二、getApp()

与 app.js 相关的还有一个全局方法 getApp()，使用该方法可以获取小程序全局唯一的 App 实例，全局 App 对象持有的属性可以在其他任意页面中进行访问。另外有两点需要注意。

（1）在 App()运行之后才会有实例化的全局 App 对象，所以 getApp()不应在 app.js 文件中使用，而只能在普通的页面 JS 文件中使用。

（2）全局 App 对象持有生命周期方法，但是开发者不应私自调用，因为生命周期方法是给框架调用的，而不是开发者，开发者只需根据业务情况完善生命周期方法即可。

3.3.2　页面 JS 文件

在实际开发中，我们编码最多的其实是页面 JS 文件（关于页面文件请查看 2.4.3 小节）。页面 JS 文件的结构非常简单，整个文件只有一个语句，即对 Page()方法的调用（与 3.3.1 小节的 app.js 文件类似），但是参数配置属性较多。

页面文件中 Page()方法的作用是注册当前的页面。它接收一个 Object 类型参数（JSON 格式），开发者可以根据自己的业务需要在该参数中指定页面的初始数据、生命周期回调方法、事件处理方法等，其参数可配置属性如表 3-8 所示。除了这些指定的属性，开发者还可以自定义属性和方法并通过 this 来访问。

表 3-8　Page()的参数可配置属性

属　性	类　型	说　明
data	Object	页面的初始数据
options	Object	页面的组件选项，同 Component 构造器中的 options
onLoad	function	生命周期回调——监听页面加载
onShow	function	生命周期回调——监听页面显示
onReady	function	生命周期回调——监听页面初次渲染完成
onHide	function	生命周期回调——监听页面隐藏
onUnload	function	生命周期回调——监听页面卸载
onPullDownRefresh	function	监听用户下拉动作
onReachBottom	function	页面下拉触底事件的处理函数
onShareAppMessage	function	用户点击右上角转发
onShareTimeline	function	用户点击右上角转发到朋友圈
onAddToFavorites	function	用户点击右上角收藏
onPageScroll	function	页面滚动触发事件的处理函数
onResize	function	页面尺寸改变时触发，详见响应显示区域变化
onTabItemTap	function	当前是 tab 页时，点击 tab 时触发
onSaveExitState	function	页面销毁前保留状态回调
其他	any	开发者可以添加任意的函数或数据到 Object 参数中，在页面的函数中用 this 即可访问

代码示例 3-50 所示的内容是一个典型的页面 JS 文件。参数可配置属性 data 通常用来配置页面第一次渲染时使用的初始数据，该数据通过数据绑定功能绑定到 WXML 文件上。参数可配置属性 onLoad 为页面生命周期回调函数，onReachBottom 为页面事件处理函数，onTextClick 为自定义的组件事件处理函数，customMethod 为自定义方法。

代码示例 3-50　典型页面 JS 文件

```
//页面 JS 文件
Page({
  data: {
    text: "微信，你好！"
  },
  onLoad: function(options) {
  },
  onReachBottom: function() {
  },
  onTextClick: function(item) {
  },
  customMethod: function() {
    this.setData({
      text: '小程序，你好！'
    })
  },
  customData: {
```

```
  hi: 'Mini Program'
  }
})
```

3.3.3　自定义方法的两种写法

微课：自定义方法的两种写法

在 JS 文件中，自定义方法主要有两种写法，一种是严格按照 JSON 的规范写，即基于 key 和 value 的键-值对；另一种是省略 key 的写法，如代码示例 3-51 所示。methodA 的定义就是典型的基于键-值对的写法，"methodA" 是 key，冒号后面的匿名函数则是 value；而 methodB 的写法就很不同，它没有 key 声明，仅有方法声明，编译器会自动把方法名称 methodB 作为 key。建议初学者使用第一种写法，但是也要认识第二种写法。

代码示例 3-51　自定义方法的两种写法

```
//页面 JS 文件
Page({
  methodA: function() {
  },
  methodB() {
  }
})
```

3.3.4　修改 data 数据

微课：修改 data 数据

微信小程序页面内容能动态地变化是因为其在 JS 文件 data 配置项中数据绑定的变量能修改。setData()方法是更新 data 数据的唯一方法，其函数原型如下。

```
Page.prototype.setData(Object data, Function callback)
```

该函数用于将数据从逻辑层发送到视图层（异步），同时改变对应的 this.data 的值（同步），this 指的是当前页面上下文 Page 对象。在页面显示过程中，如果需要修改页面动态数据绑定的内容，那么仅需要通过 setData 方法修改相关数据即可，至于逻辑层和视图层的数据更新，开发者是不需要关心的，这些都由小程序框架底层实现，开发者对此是无感知的，只需正常使用 setData()更新数据即可。

要想正确地使用 setData()，以下 5 点需要特别注意。

（1）直接修改 this.data 是无法改变页面状态的。因为修改 this.data 的作用只是修改了数据，而没有将更新的数据发送到视图层，并且直接对 this.data 进行操作还会造成视图层和逻辑层的数据不一致。

（2）仅支持 JSON 格式的数据。

（3）一次设置的数据不能超过 1024KB，应当避免一次设置过多的数据。

（4）不要把 data 中任何一项的值设为 undefined，否则这一项将被忽略并且可能遗留一些潜在问题，比如页面显示的异常。

（5）在使用 this.setData()时一定要确保 this 指向当前 Page 的上下文环境。这点将在"6.5 网络"中详细讲解。

3.3.5　JS 脚本的执行顺序

我们知道普通浏览器中的 HTML 脚本是严格按照加载顺序执行的，所以对 Web 前端开发者而言，JS 脚本文件的加载顺序是有要求的。而微信小程序中脚本的执行顺序则有所不同，它会根据 require 模块的顺序决定文件的执行顺序，小程序执行的入口 JS 脚本文件是 app.js。代码示例 3-52 是一个 app.js 文件。

代码示例 3-52　app.js 文件

```
//app.js
var a = require('./a.js')          //b.js 中向 console 打印 "b.js"
console.log('app.js')
var b = require('./b.js')          //b.js 中向 console 打印 "b.js"
App({})                            //App 构造器的参数略
```

以上代码的输出内容按顺序依次是：

```
a.js
app.js
b.js
```

在 app.js 执行结束之后，小程序会按照开发者在 app.json 中定义的 pages 顺序逐一执行，如代码示例 3-53 所示。

代码示例 3-53　app.json 文件

```
// app.json
{
  "pages": [
    "pages/index/index",
    "pages/log/log"
  ],
  "window": {}
}
// pages/index/index/index.js 文件
console.log("index.js")
Page({})                          //Page 构造器参数内容略
// pages/index/index/log.js 文件
console.log("log.js")
Page({})                          //Page 构造器参数内容略
```

代码示例 3-51 和 3-52 一起运行后输出的结果如下：

```
a.js
app.js
b.js
index.js
log.js
```

3.3.6　作用域

在普通浏览器中，所有 JavaScript 都是运行在同一个作用域中的，前面定义的变量或者方法可以被后续加载的脚本访问或者重新赋值。与普通浏览器中运行的 JS 脚本文件有所不同，在微信小程序某 JS 脚本文件中声明的变量和函数仅在该文件中有效，所以，在不同的微信小程序 JS 脚本文件中可以声明同名的变量和函数，且它们不会互相影响，如代码示例 3-54 所示。

代码示例 3-54　变量的作用域

```
// a.js 文件
var variable_a = 'a'          // 定义局部变量
// b.js 文件
console.log(variable_a)       //b.js 文件中没有定义 variable_a
```

在运行代码示例 3-54 时，假定两个脚本文件的加载顺序是 a.js 文件先加载，b.js 文件后加载。在加载 b.js 文件时，调试器的 Console 会报错，并提示变量 variable_a 没有定义。这个例子印证了在微信小程序某 JS 脚本文件中声明的变量和函数仅在该文件中有效，即微信小程序某 JS 脚本文件中的变量和函数的作用域仅为该文件本身，在其他 JS 脚本文件中无效。

根据以上分析，我们不难得出一个结论，即开发者不能自定义全局变量或方法。虽然我们不能直接定义全局变量或方法，但是我们可以间接实现，而且这种方式更安全有效。在"3.3.1　app.js 文件"中，我们知道使用全局方法 getApp() 可以获取小程序全局唯一的 App 实例（单例模式），则可以先在 App() 构造器方法中定义变量（属性）和方法，然后在其他页面中使用，通过 App 对象间接实现全局变量或方法成为微信小程序中全局变量的间接方法。对于高频使用的简单属性或方法，适合将其写入 App() 的参数中，如代码示例 3-55 所示。首先，在 app.js 文件的构造器方法参数中定义 globalData 属性和 globalFunction 方法；然后，在 one.js 和 two.js 文件中通过全局 App 对象实现对属性和方法的访问。

代码示例 3-55　利用 App 对象间接实现全局变量或方法

```
// app.js 文件
App({
  globalData: 0,
  globalFunction: function(){
    console.log("globalFunction execute");
  }
})
// one.js 文件
var local_var = 'a.js'             //局部变量
var app = getApp()                 //获取全局 App 对象实例
app.globalData++                   //执行后，globalData 数值为 1
app.globalFunction()               //调试器输出"globalFunction execute"
// two.js 文件
var local_var = 'b.js'             //局部变量
console.log(getApp().globalData)   //假定 a.js 先加载，则输出 1
```

3.4 事件

事件是开发者与客户端交流的重要方式，对移动客户端而言更是如此。在微信小程序中，事件是视图层到逻辑层的通讯方式。通过给组件绑定事件处理方法，可以简化用户特定的行为，从而触发事件处理方法，完成业务。另外，事件可以携带额外的数据，包括用户自定义数据。

3.4.1 事件的概念

微信小程序的页面程序需要和用户进行交互。例如，用户可能会点击页面上的某个图标，或者长按某个组件，这类事件发生后应该即时通知相应的逻辑层，并根据业务情况对用户的操作给予相应的反馈。

有些组件在自身运行中也会产生事件。例如，video 组件在视频播放完成后会触发 bindended 事件，开发者可以选择性地绑定该事件来实现特殊的业务需要，如在播放完成后进入广告或下一个视频。

在小程序中，我们把这种"用户在渲染层的行为反馈"以及"组件的部分状态反馈"抽象为渲染层传递给逻辑层的"事件"，如图 3-22 所示。

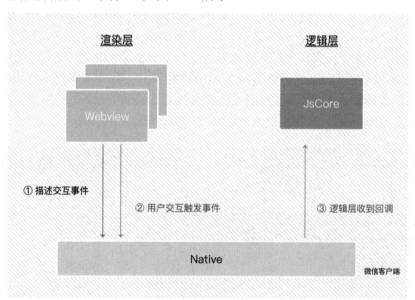

图 3-22 事件

事件的特点总结如下。

（1）事件是视图层到逻辑层的通讯方式。

（2）事件可以将用户的行为反馈到逻辑层中处理。

（3）事件可以绑定在组件上，当达到触发事件时执行逻辑层中对应的事件处理函数。

（4）事件可以携带额外数据，如 id、dataset、touches 等。

3.4.2　事件的分类

我们在上一节中已经知道，触发事件是由"用户在渲染层的行为反馈"以及"组件的部分状态反馈"产生的。在用户行为方面，移动客户端用户的行为相对比较规范，比如轻敲、长按等；在组件行为方面，不同组件的状态不一致，所以我们在这里不讨论具体组件的相关事件（在学习组件的时候，学习的是组件的相关事件），仅讨论用户行为方面的常见事件。事件从是否向上传递的角度又可以分为冒泡事件和非冒泡事件。

一、冒泡事件

冒泡事件是指当一个组件上的事件被触发后，该事件会向父节点传递。用户行为方法的常见事件都是冒泡事件，如表 3-9 所示。

表 3-9　用户行为方法的常见事件

类　　型	触发条件
touchstart	手指触摸动作开始
touchmove	手指触摸后移动
touchcancel	手指触摸动作被打断，如来电提醒、弹窗
touchend	手指触摸动作结束
tap	手指触摸后马上离开
longpress	手指触摸后，超过 350ms 再离开，如果指定了事件回调函数并触发了这个事件，则 tap 事件将不被触发
longtap	手指触摸后，超过 350ms 再离开（推荐使用 longpress 事件代替）
transitionend	在 WXSS transition 或 wx.createAnimation 动画结束后触发
animationstart	在一个 WXSS animation 动画开始时触发
animationiteration	在一个 WXSS animation 一次迭代结束时触发
animationend	在一个 WXSS animation 动画完成时触发
touchforcechange	在支持 3D Touch 的 iPhone 设备被重按时触发

二、非冒泡事件

非冒泡事件是指当一个组件上的事件被触发后，该事件不会向父节点传递。除了表 3-9 中的常见事件，其他组件自定义事件如无特殊声明都是非冒泡事件，如 form 的 submit 事件、input 的 input 事件、scroll-view 的 scroll 事件。

3.4.3　事件的绑定

微课：事件的绑定

如何给组件绑定一个点击事件呢？下面快速地实现一个点击事件的绑定，并建立对事件使用的整体概念。

假如用户点击事件的名称是 tap，那么将其以组件属性 bindtap 的形式写在组件的起始标签中，并为其赋值一个字符串，字符串的值为一个自定义函数名称。因此，在点击该组件时会产生 tap 事件并触发绑定的方法。在代码示例 3-56 所示的页面 WXML 文件中，通过使用 bindtap

属性在 view 组件上绑定了名为 tapFunc 的方法，而 tapFunc 在页面 Page 构造器参数中定义了同名函数，这样就实现了对该 view 组件的点击事件监听。当用户点击 view 组件的内容"单击"的时候，则会触发点击事件，进而监听方法 tapFunc 会得到执行。同时，如果使用调试器则会发现在 Console 中有打印的内容"点击事件 bindtap 发生了，绑定的函数 tapFunc 执行了"。

代码示例 3-56　实现点击事件监听

```
//页面 WXML 文件
<view bindtap="tapFunc">单击</view>
//页面 JS 文件
Page({
  tapFunc: function(event) {
    console.log("点击事件 bindtap 发生了，绑定的函数 tapFunc 执行了")
  }
})
```

综上所述，事件绑定的写法和组件属性相同，使用 key="value" 的形式。其中，key 以 bind、capture-bind、catch 或 capture-catch 开头，后面跟上事件的类型，如 bindtap、catchtouchstart；value 为一个字符串，是在对应的页面 Page 构造器中定义的同名函数，如果没有定义的话，则在事件触发时控制台会有警告提示信息。另外，value 也可以像组件属性一样使用数据绑定进行动态处理。

自基础库版本 1.5.0 起，在大多数组件中都可以使用以下形式，即在 bind 和 catch 之后紧跟一个冒号，其含义不变，如 bind:tap、catch:touchstart。同时，还可以在 bind 和 catch 之前加上 capture-来表示捕获阶段。而从基础库版本 2.8.1 起，所有组件中都支持这种写法。

这种改变可以说是腾讯对之前草率命名的修正，早期的写法（如 bind、catch）和事件（如 tap）之间既没有明显的区分符号，又没有使用驼峰式写法，这种写法直接忽视了动作和事件的区别，显然不利于初学者对小程序事件的整体理解。如果无特殊说明，本书后面统一使用最新的写法，即用冒号分割动作和事件。

3.4.4　绑定并阻止事件冒泡

在 3.4.2 小节中，我们讲到大部分事件是可以向父组件冒泡的。如果父组件不需要绑定任何业务，那么父组件可以直接忽略子组件的冒泡事件。但是，如果父组件也绑定了相同类型的事件，那么在子组件上触发该事件会默认冒泡到父组件上。很多时候我们需要在父组件和子组件上绑定不同的业务，并且两种业务需要互不干扰，这时就需要在子组件上绑定并阻止事件冒泡。

图 3-23 中有 2 个 view 组件，其中，outter 是外部的 view 组件，其内部有一个名为 inner 的 view 组件，即 outter 是父组件，inner 是子组件。当用户点击 outter 内部（inner 区域除外）时，outter 组件会发生 tap 事件，该事件会向 outter 组件的父组件冒泡。当用户点击 inner 时，inner 组件会发生 tap 事件，该事件会向上冒泡传递，即 outter 组件也会收到 tap 事件。但是现在我们希望在点击 outter 时打印"outter"，点击 inner 时仅打印"inner"，那

么我们可以在 inner 组件上使用 catch 动作来阻止事件向父组件冒泡，如代码示例 3-57 所示。在点击 outter 时（outter 内、inner 以外区域），Console 将打印"outterTap"；在点击 inner 时，Console 将打印"innerTap"。

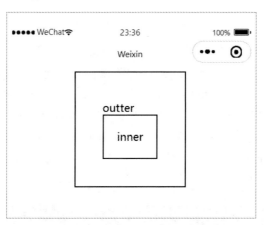

图 3-23 父组件与子组件组合视图

代码示例 3-57 绑定并阻止事件冒泡

```
//页面 WXML 文件
<view class="container">
  <view class="view_outter" bind:tap="outterTap" >
    outer
    <view class="view_inner" catch:tap="innerTap">
      inner
    </view>
  </view>
</view>
//页面 WXSS 文件
.view_outter{
  width: fit-content;
  border: 2px solid;
  padding: 80rpx;
}
.view_inner{
  border: 2px solid;
  width: fit-content;
  padding: 40rpx;
}
//页面 JS 文件
Page({
  innerTap: function(){
    console.log("innerTap");
  },
  outterTap: function(){
    console.log("outterTap");
```

```
    }
})
```

3.4.5 互斥事件绑定

除了 bind 和 catch，微信小程序还设计了 mut-bind 来进行互斥绑定。如果在某组件上使用 mut-bind 绑定了事件，那么在该事件发生之后，事件会冒泡到父组件，父组件上使用 mut-bind 绑定的函数则不会被触发，使用 bind 或 catch 绑定的函数则会被触发。简单地讲就是在父、子组件中，所有 mut-bind 都是"相互排斥"的，即在某一次事件传递中，只会有一个 mut-bind 绑定的函数被触发，而 bind 和 catch 则完全不受 mut-bind 的影响。在代码示例 3-58 所示的页面 WXML 文件中，当点击 inner view 时，依次会触发 handleTap3、handleTap2，而 handleTap1 则不会被触发，因为它被"排斥"了。

代码示例 3-58　互斥事件绑定

```
//页面 WXML 文件
<view id="outer" mut-bind:tap="handleTap1">
  outer view
  <view id="middle" bindtap="handleTap2">
   middle view
   <view id="inner" mut-bind:tap="handleTap3">
     inner view
   </view>
  </view>
</view>
```

3.4.6 事件阶段及处理动作

事件按照其发展顺序可以分为事件捕获阶段和事件冒泡阶段。捕获阶段的处理动作有 capture-bind 和 capture-catch，前者将捕获事件，后者将中断捕获阶段和取消冒泡阶段。如果捕获阶段正常完成，则事件进入冒泡阶段。冒泡阶段的处理动作有 bind 和 catch，前者将事件进行冒泡，后者将阻止事件冒泡。组件在冒泡阶段的处理动作为冒泡（bind），在某组件上发生了事件之后，我们可以先捕获该事件，再对该事件做冒泡处理。事件捕获和冒泡触发时序如图 3-24 所示。在用户点击"Click Me"按钮之后，首先由动作 capture-bind 由外及里地进行捕获，然后由动作 bind 从内到外地冒泡。

下面通过一个例子来深入理解事件的阶段，如代码示例 3-59 所示，其模拟器运行效果如图 3-25 所示。页面中有一个 view 组件叫作 outter，outter 的内部有一个 view 组件叫作 inner，我们对捕获阶段和冒泡阶段都进行了 touchstart 事件的绑定。在模拟器实际运行中点击 inner 时，依次触发的方法是 outterCaptureTap、innerCaptureTap、innerBindTap、outterBindTap。调试器 Console 的运行结果如图 3-26 所示。当用户点击 inner 时，会先进入事件捕获阶段，然后由外部的 outter 捕获事件，接着才是内部的 inner 捕获事件。在所有相关组件捕获完成后才进入事件冒泡阶段。在冒泡阶段中，首先冒泡的是最内层的 inner，然后是外层的 outter。当用户只点击 outter（inner 的外部区域）时，事件只在 outter 及 outter 的父组件中捕获和冒泡，全程与 inner 无关，其调试器 Console 的运行结果如图 3-27 所示，依次触发的方法是 outterCaptureTap、outterBindTap。

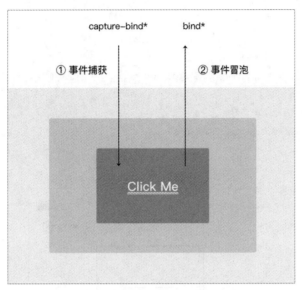

图 3-24　事件捕获和冒泡触发时序

代码示例 3-59　事件阶段及处理动作

```
//页面 WXML 文件
<view class="container">
  <view class="view_outter" capture-bind:tap="outterCaptureTap"
bind:tap="outterBindTap" >
    outer
    <view class="view_inner" capture-bind:tap="innerCaptureTap" bind:tap="innerBindTap" >
      inner
    </view>
  </view>
</view>
//页面 WXSS 文件
.view_outter{
  width: fit-content;
  border: 2px solid;
  padding: 80rpx;
}
.view_inner{
  border: 2px solid;
  width: fit-content;
  padding: 40rpx;
}
//页面 JS 文件
Page({
```

```
outterCaptureTap: function(){
  console.log("outterCaptureTap trigger");
},
outterBindTap: function(){
  console.log("outterBindTap trigger");
},
innerCaptureTap: function(){
  console.log("innerCaptureTap trigger");
},
innerBindTap: function(){
  console.log("innerBindTap trigger");
  }
})
```

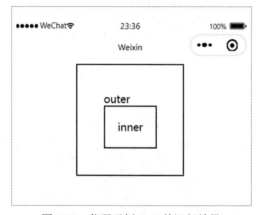

图 3-25　代码示例 3-59 的运行效果

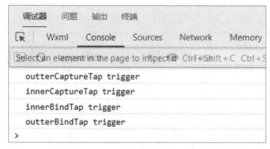

图 3-26　点击 inner 时调试器 Console 的运行结果

图 3-27　点击 outter 时调试器 Console 的运行结果

3.4.7　事件对象与参数传递

一、事件对象

当组件发生事件并触发逻辑层绑定的事件处理函数时，该函数的参数会收到一个参数，即事件对象。不同事件的事件对象有所不同，如 CustomEvent、TouchEvent 等，它们都有一个共同的父类 BaseEvent，其主要属性如表 3-10 所示。

表 3-10　BaseEvent 的主要属性

属　　性	类　　型	说　　明
type	string	事件类型
timeStamp	integer	事件生成时的时间戳（毫秒数）
target	object	触发事件源组件的一些属性值集合
currentTarget	object	事件绑定当前组件的一些属性值集合
mark	object	事件标记数据

二、使用 data-和 currentTarget 实现参数传递

在事件对象的所有属性中，只有 currentTarget 表示的是当前的组件，它可以携带该组件上绑定的以 data-开头的自定义属性，currentTarget 的属性如表 3-11 所示。

表 3-11　currentTarget 的属性

属　　性	类　　型	说　　明
id	string	当前组件的 id
dataset	object	当前组件上由 data-开头的自定义属性组成的集合

这些属性的结合使用可以实现视图层页面中组件绑定的数据向逻辑层中事件绑定的方法传递。下面以一个列表渲染的例子来展示事件中的参数传递，模拟器运行效果如图 3-28 所示，点击该列表可以访问其对应的 URL 从而跳转到相应的新闻详情页面。在代码示例 3-60 所示的页面 WXML 文件中，我们给列表增加 data-url 属性，绑定其 URL，在点击事件中通过参数 event 获取事件对象，进而通过 event.currentTarget.dataset.url 访问列表中绑定的 url，这样就实现了组件中事件向绑定函数传递参数，进而实现准确的跳转。

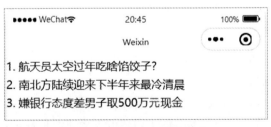

图 3-28　事件中的参数传递

代码示例 3-60　事件中的参数传递

```
//页面 WXML 文件
<view wx:for="{{search}}" data-url="{{item.url}}" bind:tap="view">
  {{index + 1}}. {{item.keyword}}
</view>
//页面 JS 文件
Page({
  data: {
    search: [{
      keyword: '航天员太空过年吃啥馅饺子?',
      url: "url_a"
```

```
    }, {
      keyword: '南北方将迎来下半年来最冷清晨',
      url: "url_b"
    }, {
      keyword: '嫌银行态度差男子取 500 万元现金',
      url: "url_c"
    }]
  },
  view: function (event) {
    console.log(event.currentTarget.dataset.url);
  }
})
```

3.5 WXSS 样式

WXSS（WeiXin Style Sheets）是一套样式语言，用于描述 WXML 的组件样式，即视觉效果。WXML 决定显示的组件内容，WXSS 决定 WXML 的组件应该如何显示。WXSS 与 Web 开发中的 CSS 类似，且 WXSS 具有 CSS 的大部分特性。同时，为了满足广大前端开发者的需求，且更适合开发微信小程序，WXSS 对 CSS 进行了扩充及修改。与 CSS 相比，WXSS 扩展的特性有尺寸单位和样式导入，而且在小程序开发中，开发者不需要像传统 Web 前端开发那样去优化 CSS 文件的请求数量，只需要考虑代码的组织即可，因为样式文件最终会被统一优化并编译。

3.5.1 样式文件的分类

WXSS 文件主要有三种，分别为全局样式文件 app.wxss、页面样式文件、其他样式文件（如 WeUI、自定义样式文件）。

全局样式文件又叫作项目样式文件，它是根目录中名为 app.wxss 的文件（详见"2.4.3　小程序项目目录结构"），它是新建项目的时候由微信开发者工具创建的，在编译时会被自动注入到小程序的每个页面中。

页面样式文件是某个页面内部的样式文件。通过对小程序项目目录结构的讲解，我们可以知道，一个微信小程序的页面一般由 4 个文件构成，其中一个就是 WXSS 文件，即页面样式文件，它与 app.json 注册过的页面同名且位置同级。如果全局样式文件和页面样式文件中定义有同名的样式，那么页面样式文件会覆盖全局样式文件中的样式。

其他样式文件可以被项目公共样式和页面样式文件引用，引用方法详见 3.5.3 小节，如微信官方的样式库 WeUI，其他第三方样式库 iView Weapp、vant Weapp、ZanUI-WeApp 等。

3.5.2 尺寸单位

WXSS 引入了 rpx 尺寸单位，rpx 的含义为 Responsive Pixel（自适应响应式像素）。由于手机品牌、型号众多，屏幕的物理像素分辨率差别非常大，如果依然使用传统的 px（像素）作为单位，则同一 App 在不同手机上的显示差别会非常大，所以原生 App 开发者需要解决不同屏幕适配的问题。引入 rpx 的目的就是适配不同宽度的屏幕，它的最终效果是使 UI 可以根据屏幕宽度进行自适应。rpx 规定屏幕的逻辑宽度为 750rpx，如在 iPhone 6 上，屏幕的物理分辨率为 1334px×750px，iPhone 6 在宽度上共有 750 个物理像素，则 750rpx = 750 个物理像素，1rpx = 1 个物理像素，所以在 iPhone 6 上 1rpx 与 1 个物理像素等价，这也是为什么微信小程序官方推荐在设计 UI 底稿时使用 iphone 6 的原因。但是随着手机屏幕越来越先进，rpx 的单位可能会继续更新。

3.5.3　WXSS 引用

在 CSS 中，开发者可以在一个样式文件中引用另一个样式文件。例如，在 index.css 文件中引用 mod1.css 文件，引用方法如下。

```
@import url('mod1.css')
```

这种方法在请求时不会把 mod1.css 文件合并到 index.css 文件中，即在请求 index.css 文件的时候，会多一个 mod1.css 文件的请求，在 Chrome 的调试器中可以观察到文件下载请求，如图 3-29 所示。

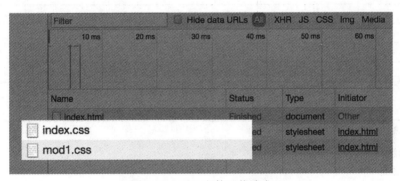

图 3-29　CSS 文件下载请求

在小程序中，我们依然可以实现样式的引用，使用@import 语句可以导入外联样式表，@import 后跟需要导入的外联样式表的相对路径，用 "；" 表示语句结束。样式引用声明如下。

```
@import './weui.wxss'
```

微信小程序中 WXSS 文件的引用与 CSS 文件非常类似，但是在下载过程上完全不同。因为 WXSS 最终会被编译打包到目标文件中，所以用户只需要下载最终编译好的 WXSS 文件即可，在使用过程中也不会因为样式的引用而产生多余的文件下载请求。

3.5.4　使用样式

与 CSS 文件类似，在定义好 WXSS 文件之后，我们就可以在组件上使用 class 属性来控制组件的样式了。

class 用于指定该组件的样式规则，其属性值是 WXSS 文件中定义类选择器名称（样式类名）的集合，在使用样式类名时不需要带上点"."。class 的属性值支持多个样式，多个样式类名之间用空格分隔，如下所示。

```
<view class="cell cell_active" />
```

除了使用 class 属性，微信小程序中还支持 style。通常在 style 中书写动态的样式（使用数据绑定），在运行时会进行动态解析，如下所示。

```
<view style="color:{{color}};" />
```

一般来说，开发者要尽量避免将静态的样式写进 style 属性中，因为这会降低渲染速度，所以能写入 WXSS 文件中的样式就不要写入 style 中了，而且这种编码会破坏程序的风格，会使 WXML 代码变得不那么"优雅"。

3.5.5　选择器

与 CSS 中的选择器类似，在 WXSS 中也可以使用选择器，使用方法与 CSS 类似，这里就不赘述了。WXSS 主要支持 6 种选择器，其类别、使用方法如表 3-12 所示。

表 3-12　WXSS 支持的选择器

选　择　器	样　　例	样　例　描　述
.class	.intro	选择所有拥有 class="intro"的组件
#id	#firstname	选择拥有 id="firstname"的组件
element	view	选择所有 view 组件
element, element	view, checkbox	选择所有文档的 view 组件和所有的 checkbox 组件
::after	view::after	在 view 组件后边插入内容
::before	view::before	在 view 组件前边插入内容

3.6　其他

微课：模块化

3.6.1　模块化

在普通浏览器中，所有 JavaScript 代码都运行在同一个作用域下，前面定义的变量或者方法可以被后续加载的脚本访问或者重新赋值。与普通浏览器中运行的 JS 脚本文件有所不同，在微信小程序中可以将任何一个 JS 文件作为一个模块，我们可以先通过 module.exports 或者 exports 对外暴露接口，然后在其他 JS 文件中通过 require()方法导入并使用该模块。

一、定义并暴露模块

在代码示例 30-61 所示的 util.js 文件中，先定义_add 和_sub 方法，然后通过当前模块对象 module 的 exports 属性向外暴露 add 属性和 sub 属性并赋值。其中，add 属性被赋值_add 方法，sub 属性被赋值_sub 方法。

代码示例 3-61　自定义工具文件 util.js

```
// util.js
const _add = function(a, b){
  console a + b
}
const _sub = function(a, b){
  return a - b
}
module.exports = {
  add: _add,
  sub: _sub
}
```

二、引入模块

在定义并暴露好模块之后，开发者可以在其他文件中引入并使用该模块。我们可以通过 require()方法来引入模块，其参数为该模块文件的相对路径（只能是相对路径，不支持绝对路径）。在代码示例 3-62 所示的页面 JS 文件中，通过 require()方法引入 util.js 文件中暴露的模块并赋值给 util 变量，并在 Page 构造器的 onLoad 生命周期方法中，通过 util 变量访问_add 方法和_sub 方法。

代码示例 3-62　自定义工具文件 util.js

```
// 页面 JS 文件
let util = require("../../util/util.js")      //引入模块并赋给变量 util
Page({
  onLoad: function (options) {
    util.add(1, 2);                           //调试的 Console 输出 3
    util.sub(1, 2);                           //调试的 Console 输出-1
  }
})
```

在掌握模块化之后，有人肯定会有疑问，本书"3.3.5 作用域"中讲到的使用 App 对象间接实现全局方法，不是可以完全取代模块化功能吗？确实，在一定程度上，App 对象的自定义方法确实可以实现模块化的全部功能，但是两者的侧重和定位是完全不同的。App 对象的自定义属性和方法，其目的是提供全局的变量和方法，定位是高频使用，对全部页面 JS 脚本文件可见；而模块化则是对某种通用功能的模块化，以达到代码复用的效果，定位一般是低频使用，在使用时导入即可，而无须对每个页面的 JS 脚本文件都可见。

3.6.2　wx 对象

wx 对象是微信小程序中为数不多的全局对象之一，实际上就是小程序宿主环境所提供的全局对象。几乎所有小程序的 API 都挂载在 wx 对象下（除了 Page/App 等特殊的构造器），我们在第 5 章中会经常使用 wx 对象。我们可以直接打印 wx 对象，如代码示例 3-63 所示。在 onLoad 生命周期方法中直接打印 wx 对象，调试器 Console 运行结果如图 3-30 所示。wx 对象是一个非常复杂的对象，包含大量的方法，即 API。

代码示例 3-63　打印 wx 对象

```
Page({
  onLoad: function (options) {
    console.log(wx);                    //直接打印 wx 对象
  }
})
```

图 3-30　打印 wx 对象的调试器 Console 运行结果

3.6.3　console 对象

利用 console 对象可以向调试面板中打印日志，是我们在开发调试中高频使用的对象，它是一个全局对象，可以直接访问，主要功能是使用模拟器向调试器的 Console 面板中打印日志。我们也可以像打印 wx 对象一样直接打印 console 对象，如代码示例 3-64 所示，调试器 Console 运行结果如图 3-31 所示。

代码示例 3-64　打印 console 对象

```
Page({
  onLoad: function (options) {
    console.log(console);              //直接打印 console 对象
  }
})
```

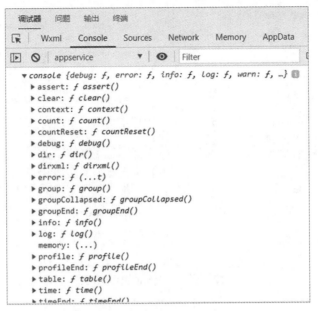

图 3-31 打印 console 对象的调试器 Console 运行结果

console 对象的主要方法如表 3-13 所示。

表 3-13 console 对象的主要方法

方 法	内 容
console.debug()	向调试面板中打印 debug 日志
console.log()	向调试面板中打印 log 日志
console.info()	向调试面板中打印 info 日志
console.warn()	向调试面板中打印 warn 日志
console.error()	向调试面板中打印 error 日志
console.group(string label)	在调试面板中创建一个新的分组。随后输出的内容都会被添加一个缩进,表示该内容属于当前分组。在调用 console.groupEnd 之后结束分组
console.groupEnd()	结束由 console.group 创建的分组

3.6.4 断点调试

微信小程序提供了日志打印功能,如果需要观察某变量的值,则可以直接使用日志将该变量打印出来,这对于简单程序是非常方便的。但是对于复杂的程序,有时候需要详细地观察变化过程,这时要使用终极调试工具——断点调试。

微信小程序的断点调试不是直接在编辑器中进行的,而是在调试器的 Sources 面板中进行,这与普通浏览器的 JS 脚本调试一致,其主要过程如下。

一、寻找要调试的文件

在调试器 Sources 面板上 Page 选项卡的目录树中,依次展开"top"→"instanceframe"→"127.0.0.1:34641"→"appservice"→"pages"→"bind"节点,打开页面 JS 文件(带 sm 提示的),如图 3-32 所示。

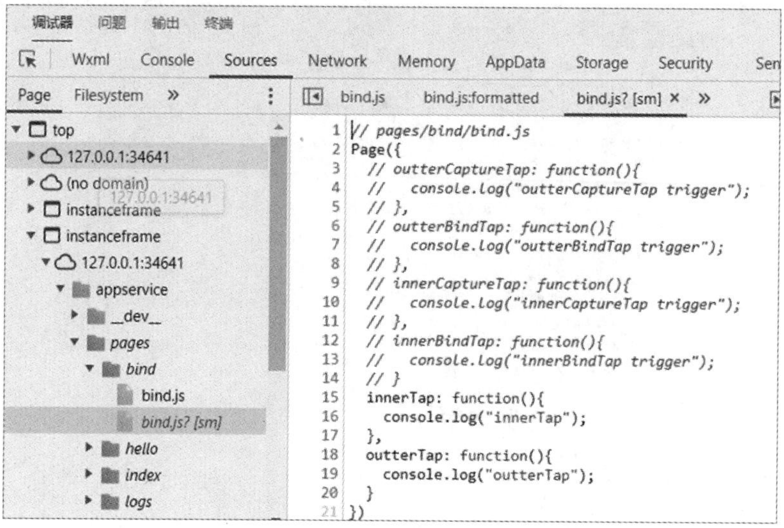

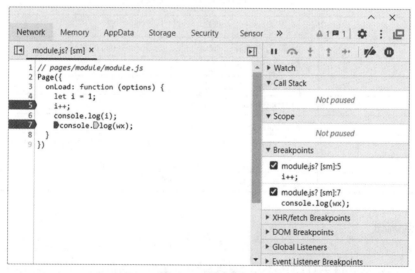

图 3-32　找到要调试的页面 JS 文件

二、断点

打断点的方法与其他 IED 工具类似，直接在源代码行号的左边点击即可，断点成功后的效果如图 3-33 所示，被断点的行的行号为蓝色背景。

图 3-33　断点标记

三、运行控制

打好断点以后就可以使用模拟器触发该断点的执行了。当代码运行到断点的时候，整个小程序都停止了，模拟器会出现灰屏或者无法操作的情况，如图 3-34 所示，这时我们关注的重点就是调试器了。图 3-35 所示的小程序在运行到 module.js 文件的第 5 行时遇到断点停止，此时该行背景为浅蓝色，表示在该行暂停，等待开发者的控制，这时开发者可以观察变量的值和运行时的堆栈，也可以进行运行控制。图 3-35 所示的运行控制按钮依次是直接进入下一断点、步入下一方法、步入方法、从当前方法跳出、步进。

图 3-34　断点时模拟器界面

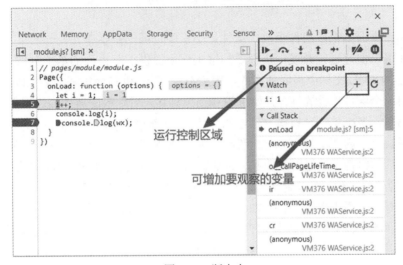

图 3-35　断点中

四、观察变量

在调试断点时，进入断点后就可以观察变量了。开发者可以通过图 3-35 的加号按钮来增加要重点观察的变量，也可以直接将鼠标放到该变量对应的代码上，观察提示信息。

五、注意事项

在调试结束之后，请务必将所有断点清除，否则，下次正常运行到该断点时，小程序依然会停止，因为 JS 调试全凭断点。

第4章

基础组件

一个小程序页面由很多组件组成，组件是小程序页面的基本单元。与网页 HTML 类似，为了让开发者可以快速进行开发，小程序的宿主环境提供了一系列的基础组件。

组件是在 WXML 文件中声明使用的，WXML 的语法和 HTML 的语法相似。小程序使用标签名来引用一个组件，通常包含开始标签和结束标签，用标签的属性描述组件，所有组件名和属性都是小写，多个单词会以英文连字符"-"进行连接。

按照是否被官方内置支持可以将组件分为基础组件和自定义组件。其中，基础组件是微信小程序官方支持的组件，是使用最普遍、最基础的组件，因此，微信小程序对这些组件进行了内置，不包含源代码文件。而自定义组件是由其他开发者根据微信小程序自定义组件的规则自行开发的、具有一定通用性的组件，在使用时需要引入源代码文件。

按照是否由客户端创建可以将组件分为原生组件和非原生组件。原生组件有 camera、canvas、input（仅在 focus 时表现为原生组件）、live-player、live-pusher、map、textarea、video，其他均为非原生组件。

按照来源可以将组件分为内置组件、自定义组件。内置组件是微信小程序官方支持的组件，是最普遍、最常用的基础组件，开发者可以使用这些基础组件进行快速高效的开发，本章也将围绕内置组件展开讲解。其中，内置组件按照类别可以分为视图容器、基础内容、表单组件、导航组件、媒体组件、地图、画布等。熟练掌握常用的组件是开发小程序的必备技能。

本章将会系统地讲解常用的基础组件，从实际功能的角度来分类，包括视图容器类、基础内容类、表单类、导航类、媒体类等，重点讲解高频使用的组件。

4.1 视图容器

视图容器又叫容器组件，它可以包含其他组件，类似容器的效果，其主要作用是控制视图的整体结构与特殊效果展现。视图容器对控制页面结构有着巨大的作用。

4.1.1 view

微课：view

view 是最常用的视图容器，本身没有任何可以显示的内容，是一个纯粹的容器，类似 HTML 中的 div 标签。除了公共属性（详见"3.2.8 共同属性"），view 的属性如表 4-1 所示。

表 4-1　view 的属性

属　　性	类　　型	默 认 值	说　　明
hover-class	string	none	指定点击后的样式。当 hover-class="none"时，没有点击态效果
hover-stop-propagation	boolean	false	指定是否阻止本节点的祖先节点出现点击态
hover-start-time	number	50	指定按住后多久出现点击态，单位为毫秒
hover-stay-time	number	400	指定手指松开后点击态的保留时间，单位为毫秒

　　由于 view 是视图容器，所以必定可以往里放其他组件的内容，我们只需在 view 的开始标签和结束标签之间书写组件内容即可。在代码示例 4-1 所示的 WXML 文件中，view 标签中有 text 标签，即 view 组件作为容器在里面装了一个 text 组件，同时在该 view 起始标签中对 class 和 hover-class 进行赋值，即定义该 view 的显示样式为 a_view，点击后的增加样式为 hover_a_view。实际运行效果如图 4-1 所示。点击该 view 后的运行效果如图 4-2 所示。值得注意的是，view 的默认宽度为整个屏幕的宽度，高度为内容的高度。

代码示例 4-1　view 的使用

```
<!-- WXML 文件 -->
<view class="a_view" hover-class="hover_a_view">
  <text>a view</text>
</view>
/* WXSS 文件 */
.a_view{
  height: 150rpx;
  background-color: white;
  border: solid 1px;
}
.hover_a_view{
  background-color: red;
}
```

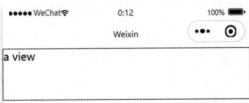

图 4-1　view 运行效果

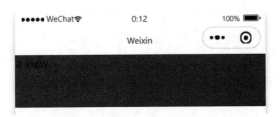

图 4-2　点击 view 后的运行效果

4.1.2 scroll-view

微课：scroll-view

scroll-view 是可滚动的视图组件，是 view 组件的可滚动版本。在使用竖向滚动时，需要通过 WXSS 设置 height 给 scroll-view 一个固定高度。scroll-view 组件的长度单位默认为 px，如果想使用其他单位则需要显式的说明。scroll-view 的属性非常多，其主要属性如表 4-2 所示。

表 4-2 scroll-view 的主要属性

属　　性	类　　型	默 认 值	说　　　明
scroll-x	boolean	false	允许横向滚动
scroll-y	boolean	false	允许纵向滚动
scroll-top	number/string		设置竖向滚动条位置
scroll-left	number/string		设置横向滚动条位置
enable-flex	boolean	false	启用 flexbox 布局。开启后，只要当前节点声明了 display: flex 就会成为 flex container，并作用于其子节点

下面通过一个简单的例子来快速掌握 scroll-view 的基本使用。在代码示例 4-2 所示的 WXML 文件中分别定义 2 个 scroll-view 组件，第一个采用垂直滚动，容器中装有 3 个 view，固定高度为 250rpx；第二个采用水平滚动，容器中装有 3 个 view。scroll-view 模拟器运行效果如图 4-3 所示。

代码示例 4-2 scroll-view 的使用

```
<!-- WXML 文件 -->
<view>垂直滚动的 scroll-view</view>
<scroll-view scroll-y class="h_scroll_view">
  <view style="background: red" class="h_item"></view>
  <view style="background: yellow" class="h_item"></view>
  <view style="background: blue" class="h_item"></view>
</scroll-view>
<view>水平滚动的 scroll-view</view>
<scroll-view scroll-x class="v_scroll_view">
  <!-- display: inline-block-->
  <view style="background: red" class="v_item"></view>
  <view style="background: yellow" class="v_item"></view>
  <view style="background: blue" class="v_item"></view>
</scroll-view>
/* WXSS 文件 */
.h_scroll_view{
  height: 250rpx;
}
.h_item{
  width: 400rpx;
  height: 200rpx;
}
.v_scroll_view{
  white-space: nowrap;
```

```
}
.v_item{
  width: 500rpx;
  height: 200rpx;
  display: inline-block;
}
```

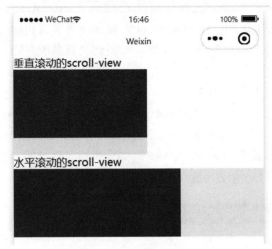

图 4-3　scroll-view 的运行效果

4.1.3　swiper 和 swiper-item

微课：swiper 和 swiper-item

　　我们经常看到某 App 的首页顶部有一个滚动播放的图片，点击该图片就会跳转到相应的详情页面。在用户视角中，动态的内容更能吸引注意力，因此滚动播放组件几乎是所有前端必备的组件，而微信小程序中的滚动播放功能由 swiper 实现。swiper 是滑块视图容器，只能放置 swiper-item 组件，所以 swiper 和 swiper-item 需要配合使用。swiper 中只能放置 swiper-item，而 swiper-item 中可以放置 view、text、image 等组件。swiper 的主要属性如表 4-3 所示。

表 4-3　swiper 的主要属性

属　　性	类　　型	默　认　值	说　　明
indicator-dots	boolean	false	是否显示面板指示点
indicator-color	color	rgba(0, 0, 0, .3)	指示点颜色
indicator-active-color	color	#000000	当前选中的指示点颜色
autoplay	boolean	false	是否自动切换
current	number	0	当前所在滑块的 index
interval	number	5000	自动切换时间间隔，单位为毫秒
duration	number	500	滑动动画时长，单位为毫秒
circular	boolean	false	是否采用衔接滑动
vertical	boolean	false	滑动方向是否为纵向
display-multiple-items	number	1	同时显示的滑块数量

属　　性	类　　型	默 认 值	说　　明
easing-function	string	default	指定 swiper 切换缓动动画类型
bindchange	function	无	current 改变时会触发 change 事件，event.detail = {current, source}

其中，easing-function 属性的作用是指定 swiper 切换缓动动画类型，其值有 5 种：defalut 表示使用默认缓动动画；linear 表示使用线性动画；easeInCubic 表示使用缓入动画；easeOutCubic 表示使用缓出动画；easeInOutCubic 表示使用缓入和缓出动画。

另外，swiper 的默认高度为 150px，如果需要自定义其高度，则只需在样式中覆盖 swiper 的高度即可。

下面通过一个简单的例子来快速使用 swiper。在代码示例 4-3 所示的 WXML 文件中，swiper 组件共有 3 个 swiper-item，而每个 swiper-item 中都有一个 view 组件，3 个 view 组件的颜色依次为红、黄、蓝。该 swiper 使用 indicator-dots 来显示面板指示点，使用 autoplay 属性来让滑块自动播放，使用属性 interval="2000"定义滑动的间隔时间为 2 秒。该 swiper 实现了 3 个不同颜色 view 组件的自动滑动播放，其运行效果如图 4-4 所示。

代码示例 4-3　swiper 的简单使用

```
<!-- WXML 文件 -->
<swiper indicator-dots autoplay interval="2000">
  <swiper-item>
    <view class="a">A</view>
  </swiper-item>
  <swiper-item>
    <view class="b">B</view>
  </swiper-item>
  <swiper-item>
    <view class="c">C</view>
  </swiper-item>
</swiper>
/* WXSS 文件 */
.a{
  background-color: red;
  height: 100%;
}
.b{
  background-color: yellow;
  height: 100%;
}
.c{
  background-color: blue;
  height: 100%;
}
```

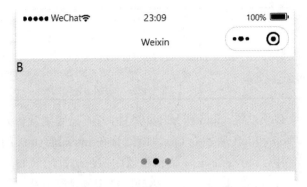

图 4-4 swiper 简单使用的运行效果

4.1.4 movable-area 和 movable-view

1. movable-area

movable-area 定义了一个区域，在该区域内可以放置一个 movable-view，用户可以拖动该 movable-view 在 movable-area 区域内移动。

movable-area 除公共属性之外，只有一个属性 scale-area，值为 boolean 类型，默认值为 false。当 scale-area 为 true 时，表示当里面的 movable-view 支持双指缩放时，设置此值可以将缩放手势生效区域修改为整个 movable-area。

2. movable-view

movable-view 是可移动的视图容器，该容器可以在 movable-area 中拖曳滑动，必须在 movable-area 组件中，并且必须是直接子节点，否则不能移动。movable-view 可以像 view 一样在内部放置其他组件，其主要属性如表 4-4 所示。

表 4-4 movable-view 的主要属性

属 性	类 型	默 认 值	说 明
direction	string	none	movable-view 的移动方向，属性值有 all、vertical、horizontal、none
inertia	boolean	false	movable-view 是否带有惯性
out-of-bounds	boolean	false	超过可移动区域后，movable-view 是否还可以移动
damping	number	20	阻尼系数，用于控制 x 或 y 改变时的动画和过界回弹动画，值越大移动越快
friction	number	2	摩擦系数，用于控制惯性滑动的动画，值越大摩擦力越大，滑动越快停止；必须大于 0，否则会被设置成默认值
disabled	boolean	false	是否禁用
scale	boolean	false	是否支持双指缩放，默认缩放手势生效区域是在 movable-view 内
scale-min	number	0.5	定义缩放倍数的最小值
scale-max	number	10	定义缩放倍数的最大值
scale-value	number	1	定义缩放倍数，取值范围为 0.5～10
animation	boolean	true	是否使用动画

续表

属　　性	类　　型	默 认 值	说　　明
bindchange	eventhandle		拖动过程中触发的事件，event.detail = {x, y, source}
bindscale	eventhandle		缩放过程中触发的事件，event.detail = {x, y, scale}，x 和 y 字段在 2.1.0 版本之后支持

另外，movable-view 必须设置 width 和 height 属性，若不设置则默认为 10px。同时，movable-view 默认为绝对定位，top 和 left 属性为 0px，即默认在 movable-area 的左上角。在代码示例 4-4 所示的 WXML 文件中，movable-area 为模拟器中黑色边框的区域，小正方块为 movable-view，该小正方块可以在任意方向上拖动。movable 模拟器运行效果如图 4-5 所示。

代码示例 4-4　movable 的简单使用

```
<!-- WXML 文件 -->
<movable-area class="a">
  <movable-view direction="all" class="v"></movable-view>
</movable-area>
/* WXSS 文件 */
.a{
  width: 90%;
  height: 200rpx;
  border: solid 1px;
}
.v{
  width: 100rpx;
  height: 100rpx;
  background-color: greenyellow;
}
```

图 4-5　movable 运行效果

4.2　flex 布局

容器的作用是往里面装内容，内容在容器中的布局直接影响页面的美观程度，在微信小程序开发中主要通过 flex 布局来对复杂的容器进行布局。

在传统网页开发中，对于布局我们常用的是盒子模型，即通过 display:inline｜block｜inline-block、position、float 来实现布局，其弊端是缺乏灵活性且有些适配效果难以实现。在微信小程序中，客户端设备是移动设备，在这种情况下，我们通常使用 flex 布局。

在学习 flex 布局之前，我们先做一个约定：采用 flex 布局的元素（通常是 view 组件），简称为"容器"，在代码示例中常以 container 表示容器的类名；容器内的所有子元素自动成为容器成员，容器内的元素简称为"子项"，在代码示例中常以 item 表示子项的类名。

4.2.1 基本概念

flex 是 Flexible Box 的缩写，翻译成中文就是"弹性盒子"。flex 的概念最早在 2009 年被提出，目的是提供一种更灵活的布局模型，使容器能通过改变项目的高度、宽度、顺序来对可用空间实现最佳的填充，方便适配不同大小的内容区域，任何一个容器都可以被指定为 flex 布局。flex 并不是某个单一的属性，而是一系列的属性集。属性集包括用于设置容器和设置项目两部分。

在默认情况下（flex-direction 为 row），容器存在两根轴：水平的主轴（main axis）和垂直的交叉轴（cross axis）。项目在主轴上排列，排满后在交叉轴上换行。需要注意的是，交叉轴垂直于主轴，它的方向取决于主轴的方向。主轴的开始位置（与边框的交叉点）叫作 main start，结束位置叫作 main end；交叉轴的开始位置叫作 cross start，结束位置叫作 cross end。单个项目占据的主轴空间叫作 main size，交叉轴空间叫作 cross size，如图 4-6 所示。

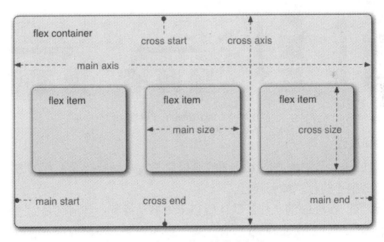

图 4-6　flex 布局的基本概念

4.2.2 容器的属性

flex 布局中容器的属性如表 4-5 所示。

表 4-5　flex 布局中容器的属性

属　　性	默　认　值	其　他　值
display	无	flex
flex-direction	row	row-reverse、column、column-reverse

续表

属　　性	默　认　值	其　他　值
flex-wrap	nowrap	wrap、wrap-reverse
justify-content	flex-start	flex-end、center、space-between、space-around、space-evenly
align-items	stretch	center、flex-end、baseline、flex-start
align-content	stretch	flex-start、center、flex-end、space-between、space-around、space-evenly

1．display 属性

display 属性表示设置容器的显示方式，除了 flex，还可以设置其他值，但是这就与 flex 布局无关了。

2．flex-direction 属性

flex-direction 属性表示设置布局发展弹性的方向，即定义主轴是水平的还是垂直的，具体的取值有 4 种，如下所示。

（1）row：默认值，主轴水平发展，方向从左至右，即子项呈行状，且从左至右排列。

（2）row-reverse：主轴水平发展，方向为从右至左，即子项呈行状，且从右至左排列。

（3）column：主轴垂直发展，方向为从上至下，即子项呈列状，且从上至下。

（4）column-reverse：主轴垂直发展，方向为从下至上，即子项呈列状，且从下至上。

图 4-7 所示为 4 个 flex-direction 取不同属性值的容器，从左至右，其 flex-direction 依次为 column、column-reverse、row、row-reverse。

图 4-7　flex-direction 属性

3．flex-wrap 属性

flex-wrap 属性确定了主轴方向上子项放满以后是否自动换行及换行的方向，即如果一条轴线放不下，那么换不换行、如何换行。

（1）nowrap：是 no wrap 的合成，默认值表示不自动换行，其问题是如果单行或单列内容过多，则溢出容器。所以默认 nowrap 适合子项较少的情况，需要确定不会溢出，否则将影响用户体验。

（2）wrap：表示当容器的一条主轴放不下所有项目时，会自动换行或换列以增加主轴线。

（3）wrap-reverse：表示当容器的一条主轴放不下所有项目时，会自动换行或换列以增加主轴线，但是交叉轴的方向与 wrap 相反。

图 4-8 表示 flex-direction 的属性值为 row，flex-wrap 的属性值为 wrap 的情况。

4．justify-content 属性

justify-content 属性定义了子项在主轴方向上的对齐方式，而准确的对齐方式又与 flex-direction 有关。假定 flex-direction 的值为 row，则主轴为水平从右至左，属性值的情况如下所示。

（1）flex-start：默认值，子项起点和主轴起点一致，且子项之间不留空隙。

（2）flex-end：与 flex-start 类似，但是起点相反，flex-end 的子项起点为主轴终点。

（3）center：子项在主轴上居中排列，且子项之间不留空隙，最终效果是主轴上第一个子项离主轴起点距离与最后一个子项离主轴终点距离相等，即保证子项整体绝对居中。

（4）space-between：两端对齐，子项之间的间距相等，且第一个项目离主轴起点和最后一个项目离主轴终点的距离都为 0。

（5）space-around：每个子项的两侧间隔相等，故项目之间的间隔比项目与起点或终点之间的间隔大一倍。

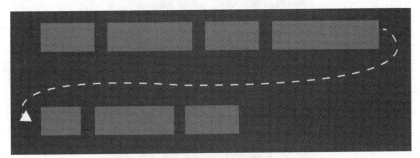

图 4-8　flex-direction 的属性值为 row，flex-wrap 的属性值为 wrap

图 4-9 表示当 flex-direction 的属性值为 row 时，justify-content 属性值的不同情况。

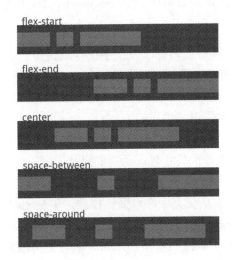

图 4-9　justify-content 的属性值（flex-direction 的属性值为 row）

5. align-items 属性

align-items 属性定义子项在交叉轴上的对齐方式，即子项主轴上的所有元素在交叉轴上的对齐方式。具体的对齐方式与交叉轴的方向有关，下面假设 flex-direction 为 row，即主轴水平从左至右、交叉轴垂直从上到下，则 align-items 属性有以下 5 种取值情况。

（1）stretch（默认值）：如果项目未设置高度或为 auto，则将占满整个容器的高度，即子项目拉伸至填满行高。

（2）flex-start：子项起点与交叉轴的起点对齐。

（3）flex-end：子项起点与交叉轴的终点对齐。

（4）center：子项中点与交叉轴的中点对齐，即子项在交叉轴上居中。

（5）baseline：项目第一行文字的基线对齐。

图 4-10 表示当 flex-direction 的属性值为 row 时，align-items 属性值的不同情况。

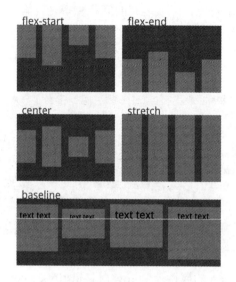

图 4-10　align-items 的属性值（flex-direction 的属性值为 row）

6．align-content 属性

align-content 属性定义了换行后多行（发生了换行或换列的情况，有多根主轴线）在容器中的对齐方式，设置多条主轴在交叉轴方向上的对齐方式，并分配主轴之间及其周围多余的空间。align-content 是相对更宏观的结构控制，它决定了主轴线在 flex 容器中的位置。如果项目只有一根轴线，则该属性不起作用。

（1）stretch：默认值，是变大拉伸的意思。当子项未被设置尺寸时，将各主轴中的子项拉伸至填满交叉轴。当子项被设置了尺寸时，子项的尺寸不变，将子项主轴拉伸至填满交叉轴。

（2）flex-start：多根主轴线从交叉轴起点开始排放，主轴之间不留空隙。

（3）flex-end：多根主轴线从交叉轴终点开始排放，主轴之间不留空隙。

（4）center：多根主轴线构成的整体在交叉轴上居中，主轴之间不留空隙。

（5）space-between：多根主轴线的首条和末条分别与交叉轴两端对齐，且轴线之间的间隔平均分布。

（6）space-around：每根轴线两侧的间隔都相等，故主轴线之间的间隔比轴线与容器边缘的间隔大一倍。

（7）space-evenly：主轴线间距、首根主轴线离交叉轴起点距离和最后一根主轴线离交叉轴终点距离相等。

align-content 的属性值如图 4-11 所示。

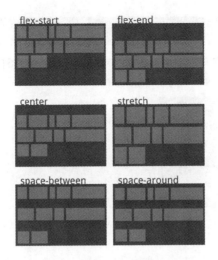

图 4-11　align-content 的属性值

4.2.3　子项的属性

子项的属性主要用于设置子项的尺寸、位置，以及对其对齐方式进行特殊设置。子项共有 6 个属性，如表 4-6 所示。

表 4-6　子项的属性

属　　性	默 认 值	其　他　值
order	0	\<integer\>
flex-shrink	1	\<number\>
flex-grow	0	\<number\>
flex-basis	auto	\<length\>
flex	无	none、auto、flex-grow、flex-shrink、flex-basis
align-self	auto	flex-start、flex-end、center、baseline、stretch

1. order

order 的值为整数，order 属性定义了子项在主轴上的排列顺序，数值越小，排列越靠前，默认值为 0。图 4-12 所示为 3 个 order 取不同属性值的容器，从上往下看，第一个 flex 容器的 flex-direction 属性值为 row，即主轴的方向为水平从左至右，所以容器内的元素根据其 order 的值由小到大排列，另外两个 flex 容器是类似的。

2. flex-shrink

flex-shrink 属性定义了子项的收缩因子，其值取非负数，默认为 1，即如果某根主轴上空间不足要溢出时，则该主轴上的子项将根据 flex-shrink 属性值进行一定的压缩。flex-shrink 的目的是为子项提供适应容器的能力。如果所有项目的 flex-shrink 属性值都为 1，则当空间不足时，都将等比例缩小。如果一个项目的 flex-shrink 属性值为 0，其他项目都为 1，则当空间不足时，前者不缩小，如图 4-13 所示。

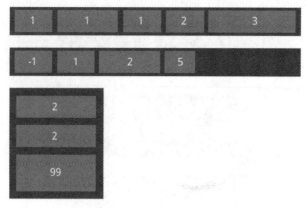

图 4-12　order 属性

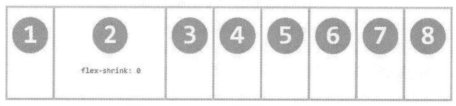

图 4-13　flex-shrink 属性值为 0 的情况

下面通过一个例子深入了解使用 flex-shrink 属性时的宽度收缩算法。一个宽度为 400rpx 的容器中有 3 个项目，其 width 分别为 120rpx、150rpx、180rpx，分别将项目 1 和项目 2 的 flex-shrink 属性值设置为 2 和 3，如代码示例 4-5 所示。

代码示例 4-5　flex-shrink 示例

```
/* WXSS 文件 */
.container{
  display: flex;
  width: 400rpx;      /* 容器宽度为400rpx */
}
.item1{
  width: 120rpx;
  flex-shrink: 2;
}
.item2{
  width: 150rpx;
  flex-shrink: 3;
}
.item3{              /* 未设置 flex-shrink，则默认值为1 */
  width: 180rpx;
}
```

在这个例子中，项目溢出 $400-(120+150+180)=-50$rpx。在计算压缩量时，总权重为各个项目的宽度乘以 flex-shrink 属性值的总和，则这个例子压缩的总权重为 $120 \times 2 + 150 \times 3 + 180 \times 1 = 870$。各个项目的压缩空间为总溢出空间乘以项目宽度乘以 flex-shrink 属性值除以总权重，如下所示。

item1 的最终宽度为：120 − 50 × 120 × 2 / 870 ≈ 106rpx；

item2 的最终宽度为：150 − 50 × 150 × 3 / 870 ≈ 124rpx；

item3 的最终宽度为：180 − 50 × 180 × 1 / 870 ≈ 169rpx。

在计算时如果结果为小数，则向下取整。

3．flex-grow

flex-grow 属性定义项目的放大比例，当主轴方向上还有剩余空间时，通过该属性可以进行剩余空间的分配，值取非负数。当 flex-grow 取默认值 0 时，即使存在剩余空间，也不放大。例如，如果所有子项的 flex-grow 属性值都为 1，则它们将等分剩余空间（如果有的话）；如果一个项目的 flex-grow 属性值为 2，其他项目都为 1，则前者占据的剩余空间将比其他项目多一倍，如图 4-14 所示。flex-grow 的算法与 flex-shrink 类似，读者可以自行实验，这里就不展开阐述了。

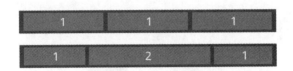

图 4-14　flex-grow 的属性值（flex-direction 的属性值为 row）

4．flex-basis

当容器设置 flex-direction 属性值为 row 或 row-reverse 时，flex-basis 和 width 同时存在，且 flex-basis 优先级高于 width，所以此时 flex-basis 属性可以代替项目的 width 属性。

当容器设置 flex-direction 属性值为 column 或 column-reverse 时，flex-basis 和 height 同时存在，且 flex-basis 优先级高于 height，所以此时 flex-basis 属性可以代替项目的 height 属性。

需要注意的是，当 flex-basis 和 width（或 height）其中一个属性值为 auto 时，非 auto 属性的优先级更高。

5．flex

flex 是 flex-grow、flex-shrink、flex-basis 的简写。当其属性值为 none 时等价于 00 auto；当其属性值为 auto 时等价于 11 auto。

6．align-self

align-self 属性设置子项在主轴中交叉轴方向上的对齐方式，用于覆盖容器的 align-items，可以对某个子项的对齐方式做特殊处理，默认值为 auto，继承容器的 align-items 值。当容器没有设置 align-items 时，其属性值为 stretch。图 4-15 所示为使用 align-self 属性的容器，其 flex-direction 属性值为 row，align-items 属性值为 flex-start，第三个子项的 align-items 属性值为 flex-end，它可以覆盖 align-items 的 flex-start。

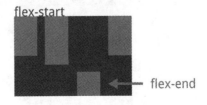

图 4-15　align-self 属性

4.2.4　flex 实现水平垂直居中

微课：flex 实现水平垂直居中

在实际开发中，无论是什么布局，只要熟练掌握了 flex，往往都可以用几行命令搞定，可以说是"一招鲜，吃遍天"。例如，想要实现一行内容在页面中水平、垂直方向上都居中对齐，效果如图 4-16 所示。

图 4-16　实现水平、垂直居中对齐

代码如示例 4-6 所示。

```
代码示例 4-6　实现水平、垂直居中对齐
<!-- WXML 文件 -->
<view class="flex_container">
  <view class="item_a"></view>
  <view class="item_b"></view>
  <view class="item_c"></view>
</view>
/* WXSS 文件 */
.flex_container {
  height: 100vh;
  display: flex;
  flex-direction: row;
  align-items: center;
  justify-content: center;
```

```
}
.item_a {
  width: 150rpx;
  height: 200rpx;
  background-color: red;
}
.item_b {
  width: 150rpx;
  height: 400rpx;
  background-color: yellow;
}
.item_c {
  width: 150rpx;
  height: 150rpx;
  background-color: blue;
}
```

4.3　基础内容

微信小程序中的基础内容组件有 text、rich-text、icon、progress。它们的特点是只能静态显示内容，而不能与用户交互，既不属于容器又不属于表单。

4.3.1　text

text 组件的作用是显示纯文本，其主要属性如表 4-7 所示。

微课：text

表 4-7　text 组件的主要属性

属　性	类　型	默 认 值	必　填	说　明
user-select	boolean	false	否	文本是否可选中，使文本节点显示为 inline-block
space	string	无	否	显示连续空格
decode	boolean	false	否	是否解码

user-select 属性定义了该 text 组件的文本内容能否被用户选中。

space 属性确定了 text 组件对连续空格的处理，如果 text 组件的文本内容包括连续的空格，则在默认情况下，该 text 组件只会在页面上显示一个空格；如果需要显示原本定义的多个空格，则需要定义 space 属性，该属性主要有 3 个值：ensp、emsp 和 nbsp。其中，ensp 表示空格显示为中文字符空格的一半大小，emsp 表示空格显示为中文字符空格大小，nbsp 表示根据字体的设置显示空格大小。

当 decode 属性为 true 时，text 组件可以解析特殊字符，比如 、&lt、&gt、&amp、&apos、 、 。在代码示例 4-7 的页面 WXML 文件中定义了 4 个 text 组件，其中，前 3 个组件的内容包含 4 个空格（连续空格），同时其 space 属性值分别为 3 种情况，text 组件模拟器运行效果如图 4-17 所示。我们可以看到 3 种不同的空格解析方式最终呈现的效果完全不同，最后一个 text 组件显式地声明了 decode 属性，其内容中的特殊字符最终都得到了显示。

代码示例 4-7　text 组件的使用

```
<!-- WXML 文件 -->
<text space="ensp">|    |\n</text>
<text space="emsp">|    |\n</text>
<text space="nbsp">|    |\n</text>
<text decode>| &lt; &gt; &amp; &apos;  |</text>
```

图 4-17　text 组件的运行效果

4.3.2　icon

icon 是微信小程序的内置图标，其主要属性如表 4-8 所示。

表 4-8　icon 组件的主要属性

微课：icon

属　性	类　型	默　认　值	必　填	说　　明
type	string		是	icon 的类型，有效值为：success、success_no_circle、info、warn、waiting、cancel、download、search、clear
size	number/string	23	否	icon 的大小
color	string		否	icon 的颜色，同 CSS 的 color

type 属性表示图标的类别，有 success、success_no_circle、info、warn、waiting、cancel、download、search、clear，其图形效果和字面一致。size 属性表示图标的大小，默认值为 23，值越大则图标越大。虽然，每种类别的图标都有默认颜色，比如 success 的颜色是绿色，cancel 和 warn 的颜色为红色；但是，icon 组件还是为开发者提供了 color 属性来自定义图标的颜色，其值与 CSS 中定义的 color 一致。在代码示例 4-8 中的 WXML 页面文件中有 2 个 icon 组件，type 属性值分别为 success 和 cancel，其运行效果如图 4-18 所示。

代码示例 4-8　icon 组件的使用

```
<!-- WXML 文件 -->
<view class="hint">
 <icon type="success" size="90"></icon>
 <view class="hint_txt">
   <text>操作成功</text>
 </view>
</view>
<view class="hint">
 <icon type="cancel" size="90"></icon>
 <view class="hint_txt">
   <text>操作失败</text>
```

```
  </view>
</view>
/* WXSS 文件 */
.hint{
 display: flex;
 flex-direction: column;
 align-items: center;
 margin: 40rpx 0;
}
.hint_txt{
 font-size: larger;
}
```

图 4-18　icon 组件的运行效果

4.3.3　progress

微课：progress

progress 是微信小程序中的进度条组件，可以实现进度条的各种效果，其主要属性如表 4-9 所示。

表 4-9　progress 组件的主要属性

属　　性	类　　型	默　认　值	说　　明
percent	number		百分比 0～100%
show-info	boolean	false	在进度条右侧显示百分比
border-radius	number/string	0	圆角大小
font-size	number/string	16	右侧百分比字体大小
stroke-width	number/string	6	进度条的宽度
color	string	#09BB07	进度条的颜色（请使用 activeColor）
activeColor	string	#09BB07	已选择的进度条颜色
backgroundColor	string	#EBEBEB	未选择的进度条颜色
active	boolean	false	进度条从左往右的动画

续表

属　　性	类　　型	默　认　值	说　　明
active-mode	string	backwards	backwards：从头播放动画；forwards：从上次结束点接着播放动画
duration	number	30	进度增加1%所需的毫秒数
bindactiveend	eventhandle		动画完成事件

下面通过一个例子来模拟一个进度从 0 变化到 100 的进度条，如代码示例 4-9 所示。在页面 WXML 文件中定义一个 progress 组件，通过 active 属性启用动画加载，通过 active-mode="forwards" 定义动画从上次结束点继续播放，其进度百分比使用数据绑定功能绑定变量 num。在逻辑文件中通过定时器方法 setInterval 每间隔 1 秒钟让变量 num 的值加 10。progress 组件最终的运行效果如图 4-19 所示。

代码示例 4-9　progress 组件的使用

```
<!-- WXML 文件 -->
<progress percent="{{num}}" active active-mode="forwards" show-info />
// JS 文件
Page({
  data: {
    num: 0
  },
  onLoad: function (options) {
    let that = this;
    setInterval(function(){
      that.setData({
        num: that.data.num+10
      })
    }, 1000)
  }
})
```

图 4-19　progress 组件的运行效果

4.4　表单组件

表单在这里有两层含义，其一，表单泛指表单元素，除了传统 HTML 中的文本域、下拉列表、单选框、复选框等，还包含很多移动端适用的组件，比如 picker、switch、slider 等；其二，表单是一个包含表单元素的组件，类似容器，可以与服务器交互。

4.4.1 input 和 textarea

输入是表单中使用频率较高的操作，微信小程序中输入有两种组件：input 和 textarea。其中，input 是单行输入框，textarea 是多行输入框。如果内容简单（只有一行）则可以选用 input，如果内容较多（一行放不下）则应选用 textarea。另外，input 可以限定输入内容的类型，或者作为密码输入框使用。input 组件的主要属性如表 4-10 所示。

表 4-10　input 组件的主要属性

属　　性	类　　型	默 认 值	说　　明
value	string		输入框的初始内容
type	string	text	input 的类型
password	boolean	false	是否为密码类型
placeholder	string		输入框为空时的占位符
disabled	boolean	false	是否禁用
maxlength	number	140	最大输入长度，设置为-1 时不限制最大长度
focus	boolean	false	是否获取焦点
confirm-type	string	done	设置键盘右下角按钮的文字，仅在 type='text'时生效
confirm-hold	boolean	false	点击键盘右下角按钮时是否保持键盘不收起
adjust-position	boolean	true	键盘弹起时，是否自动上推页面
hold-keyboard	boolean	false	在获取焦点时点击页面是否收起键盘，默认不收起

type 表示输入框的输入类型，在定义 type 之后，当 input 获取焦点时会拉起相应类型的键盘，从而限定用户的输入类型。type 的合法值有：text，文本输入键盘；number，数字输入键盘；idcard，身份证号码输入键盘；digit，带小数点的数字键盘；safe-password，密码安全输入键盘。需要注意的是，type 对模拟器无效，仅对真机有效，因为模拟器并没有虚拟键盘，模拟器的键盘就是电脑的键盘。

password 为声明式属性，表示该 input 组件用于输入密码。在这种情况下向 input 中输入内容，回显就是实心圆点"•"。

placeholder 表示输入框的默认显示内容，一般为提示性信息，可以辅助用户更准确地完成输入。

下面通过一个例子来快速使用 input，如代码示例 4-10 所示，该 input 的类型为 idcard，表示只允许用户输入身份证号码，同时通过 placeholder 来对用户进行提示，其运行效果如图 4-20 所示。

代码示例 4-10　input 的使用

```
<!-- WXML 文件 -->
<view class="user_info">
  <text>身份证号：</text>
  <input class="idcard_input" type="idcard" placeholder="请输入身份证号码"></input>
</view>
/* WXSS 文件 */
.user_info{
```

```
 display: flex;
 flex-direction: row;
}
.idcard_input{
 border: 1px solid;
}
```

图 4-20　input 组件的运行效果

　　textarea 组件与 input 组件相比，大部分属性基本相同，主要区别在于 textarea 的高度相关属性。textarea 组件默认的高度是 150px，开发者可以为其指定高度以覆盖默认高度，也可以通过 auto-height 属性来根据用户输入自动调整高度。在代码示例 4-11 中，对 textarea 使用 auto-height 声明式属性，没有输入内容时的运行效果如图 4-21 所示，此时高度不足；用户输入内容后的运行效果如图 4-22 所示，其高度随着内容动态调整。

代码示例 4-11　textarea 的使用

```
<!-- WXML 文件 -->
<view class="user_info">
 <text>内容: </text>
 <textarea auto-height class="content_textarea"></textarea>
</view>
/* WXSS 文件 */
.user_info{
 display: flex;
 flex-direction: row;
}
.content_textarea{
 border: 1px solid;
}
```

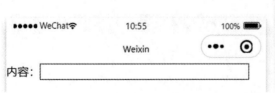

图 4-21　textarea 的运行效果

图 4-22　用户输入内容后 textarea 的运行效果

4.4.2 checkbox 和 checkbox-group

微课：checkbox 和 checkbox-group

与 HTML 中的 checkbox 类似，微信小程序中的 checkbox 表示多选项目，一般与 checkbox-group 组合使用实现多选的效果。checkbox 表示单个的勾选框，checkbox-group 表示多个 checkbox 组成的群组，即 checkbox-group 中可以有多个 checkbox。checkbox 组件的主要属性如表 4-11 所示。

表 4-11　checkbox 组件的主要属性

属　　性	类　　型	默　认　值	说　　明
value	string	无	checkbox 标识，选中时触发 checkbox-group 的 change 事件，并携带 checkbox 的 value
disabled	boolean	false	是否禁用
checked	boolean	false	当前是否选中，可用来设置默认选中
color	string	#09BB07	checkbox 选中时勾选的颜色，同 CSS 中的 color

而 checkbox-group 的属性则非常简单，主要属性为 bindchange，其值为某个自定义函数的名称，表示当 checkbox-group 中的 checkbox 发生勾选或取消勾选时触发 change 事件绑定的函数，其参数的 detail 属性值为已勾选的 checkbox 属性值构成的数组。

在代码示例 4-12 中有一个表示"爱好"的多选框，checkbox-group 中有 4 个 checkbox，其 value 分别为 swimming、photography、reading、game，分别对应游泳、摄影、阅读、游戏，其运行效果如图 4-23 所示。用户勾选或取消勾选其中任意一项都会触发 bind:change 绑定的函数 check，而 check 函数会打印已勾选的 checkbox 属性值，如图 4-24 所示。

代码示例 4-12　checkbox 和 checkbox-group 的使用

```
<!-- WXML 文件 -->
<label>爱好：</label>
<checkbox-group name="hobby" bind:change="check">
  <checkbox value="swimming">游泳</checkbox>
  <checkbox value="photography">摄影</checkbox>
  <checkbox value="reading">阅读</checkbox>
  <checkbox value="game">游戏</checkbox>
</checkbox-group>
// JS 文件
Page({
  check: function(e){
    console.log(e.detail);
  }
})
```

图 4-23　checkbox 和 checkbox-group 的运行效果

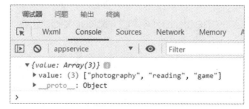
图 4-24　check 方法打印已勾选的 checkbox 属性值

4.4.3　radio 与 radio-group

微课：radio 与 radio-group

与 HTML 中的 radio 类似，微信小程序中的 radio 表示单选项目，一般与 radio-group 组合使用实现用户多选的效果。radio-group 中可以放置多个 radio，每个 radio 的 value 各不相同。radio 组件的主要属性如表 4-12 所示。

表 4-12　radio 组件的主要属性

属　性	类　型	默　认　值	说　明
value	string	无	radio 标识。当选中该 radio 时，radio-group 的 change 事件会携带 radio 的 value
checked	boolean	false	当前是否选中
disabled	boolean	false	是否禁用
color	string	#09BB07	radio 的颜色，同 CSS 中的 color

radio-group 的主要属性为 bindchange，其值为自定义方法的名称，表示当 radio-group 中 radio 的选择发生变化时，绑定 change 事件的函数会被系统传入到一个参数中，该参数中有 detail 属性，detail 的值正是被选中的 radio 的值。

代码示例 4-13 中有一个 radio-group 组件，用于让用户选择英语等级，其运行效果如图 4-25 所示。当用户选择其中任意一项的时候就会发生 radio-group 的 change 事件，进而触发 change 事件绑定的函数 select，而 select 函数会打印当前 radio-group 勾选的值，如图 4-26 所示。在用户选择了六级之后，调试器 Console 打印的内容为六级 radio 对应的 value——CET-6。

代码示例 4-13　radio 和 radio-group 的使用

```
<!-- WXML 文件 -->
<label>英语等级：</label>
<radio-group bind:change="select">
  <radio value="CET-4">四级</radio>
  <radio value="CET-6">六级</radio>
  <radio value="other">其他</radio>
</radio-group>
// JS 文件
Page({
  select: function(e){
    console.log(e.detail);
  }
})
```

图 4-25 radio 和 radio-group 的运行效果

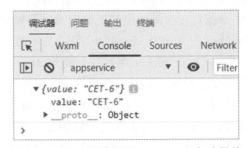

图 4-26 select 函数打印 radio-group 勾选的值

4.4.4 picker

微课：picker

picker 是从设备底部弹出的滚动选择器，是移动端专用组件，用户可以通过上下滚动该组件来进行选择。比较常见的使用场景有时间选择、日期选择、省市区选择等。在使用时，通常要在 picker 中再放置一个 view，用来给出提示信息并占位。当用户点击该 view 时会从设备底部弹出滚动选择器。picker 组件的通用属性如表 4-13 所示。

表 4-13 picker 组件的通用属性

属 性	类 型	默 认 值	说 明
header-text	string	无	选择器的标题，仅安卓可用
mode	string	selector	选择器类型
disabled	boolean	false	是否禁用
bindcancel	eventhandle	无	取消选择时触发

根据不同的 mode 值，picker 有 5 种模式：selector，普通选择器；multiSelector，多列选择器；time，时间选择器；date，日期选择器；region，省市区选择器。模式间的本质区别是滚动选择器可选择的数据不同，比如 selector 和 multiSelector 是自定义数据，time 是通用的时间数据，date 是通用的日期数据，region 是通用的省市区数据。另外，对于不同的 mode 值，picker 会有相应的专有属性。

一、普通选择器

当 mode 的值为 selector 时，picker 的专有属性如表 4-14 所示。

表 4-14 picker 为普通选择器时的专有属性

属 性 名	类 型	默 认 值	说 明
range	array/object array	[]	当 mode 为 selector 或 multiSelector 时，range 有效
range-key	string	无	当 range 是一个 Object Array 时，通过 range-key 来指定 Object 中 key 的值，并将其作为选择器的显示内容

续表

属　性　名	类　　　型	默　认　值	说　　　明
value	number	0	表示选择了 range 中的第几个（下标从 0 开始）
bindchange	eventhandle	无	当 value 改变时触发 change 事件，event.detail = {value}

当 picker 的模式为普通选择器时，我们可以通过 range 属性来自定义要选择的数据，range 既可以是简单的数组，又可以是复杂的 Object Array（对象数组）。当 range 的值为 Object Array 时，我们可以通过 range-key 来指定在实际使用时要渲染的对象属性名称。

代码示例 4-14 所示的 picker 中有一个 view，点击该 view 就会从设备的底部弹出滚动选择器，运行效果如图 4-27 所示。在该 picker 组件中，通过 range 属性指定 picker 的数据为 students 数组，students 数组是对象数组，其对象有属性 xm 和属性 xh。同时，通过 range-key 来指定 picker 的显示属性，通过 value 指定当前 picker 的实际值，通过 bind:change 属性绑定 picker 的 change 事件函数 pick，change 事件由确定按钮触发。在 pick 函数中，将用户选择的数组项目写入变量 picked 中，从而实现 picker 的用户选择与页面同步变化的动态效果。

代码示例 4-14　普通选择器的使用

```
<!-- WXML 文件 -->
<picker range="{{students}}" range-key="xm" value="{{picked}}" bind:change="pick">
  <view>请选择：{{students[picked].xm}}</view>
</picker>
// JS 文件
Page({
  data: {
    students: [{
      xm: "张亦鸣",
      xh: "111"
    }, {
      xm: "王新",
      xh: "222"
    }, {
      xm: "方山文",
      xh: "333"
    }],
    picked: 0
  },
  pick: function(e){
    this.setData({
      picked: e.detail.value
    })
  }
})
```

图 4-27　普通选择器的运行效果

二、多列选择器

当 mode 的值为 multiSelector 时，表示用户需要从多列数据中同时进行选择，常用于级联
关系中。在此模式下，picker 的专有属性如表 4-15 所示。

表 4-15　picker 为多列选择器时的专有属性

属 性 名	类 型	默 认 值	说 明
range	array/object array	[]	当 mode 为 selector 或 multiSelector 时，range 有效
range-key	string		当 range 是一个 Object Array 时，通过 range-key 来指定 Object 中 key 的值，并将其作为选择器的显示内容
value	array	[]	表示选择了 range 中的第几个（下标从 0 开始）
bindchange	eventhandle		当 value 改变时触发 change 事件，event.detail = {value}
bindcolumnchange	eventhandle		当列改变时触发

可以发现，multiSelector 的专有属性基本与 selector 的专有属性一致，只是 value 变为了数组，这是因为有多列需要进行选择，还多了 bindcolumnchange 属性，该属性表示绑定 columnchange 事件的响应方法，columnchange 事件会在用户滚动列时被触发。

在代码示例 4-15 所示的页面 WXML 文件中有一个 picker 组件，该 picker 的 mode 值为 multiSelector，即多列选择器，其运行效果如图 4-28 所示，最终实现了网购衣服颜色、尺码、款式的选择。range 属性的值为 choice 数组，而 choice 为二维数组，它的每个维度都对应 picker 的一列：第一列为颜色，第二列为尺寸，第三列为款式。属性 value 绑定了变量数组 selected，selected 数组为一个整数数组，每项都和二维 choice 子项的下标对应。例如，当 selected 的默认值为[0, 0, 0]时，表示选择衣服的颜色为"枣红色"、衣服的尺码为"S"、款式为"刺绣"。selected 可以记录用户已经选择的项目。属性 bindchange 表示在用户选择完成并点击"确定"按钮时触发 change 事件的函数，其值为 change，change 函数完成了对变量 selected 的赋值。

代码示例 4-15　多列选择器的使用

```
<!-- WXML 文件 -->
<picker mode="multiSelector" range="{{choice}}" value="{{selected}}"
    bind:change="change">
 <view>请选择衣服规格:
   {{choice[0][selected[0]]}}, {{choice[1][selected[1]]}},
   {{choice[2][selected[2]]}}
 </view>
</picker>
// JS 文件
Page({
 data: {
   choice: [
     ['枣红色', '豆绿色', '琥珀棕'],
     ['S', 'M', 'L', 'XL', 'XXL'],
     ['刺绣', '烫花', '印染']
   ],
   selected: [0, 0, 0]
 },
 change: function(e){
   this.setData({
     selected: e.detail.value
   });
 }
})
```

图 4-28　多列选择器的运行效果

三、时间选择器

当 mode 的值为 time 时，表示 picker 为时间选择器，其专有属性如表 4-16 所示。

表 4-16　picker 为时间选择器时的专有属性

属 性 名	类 型	默 认 值	说 明
value	string	无	表示选中的时间，格式为"hh:mm"
start	string	无	表示有效时间范围的开始，字符串格式为"hh:mm"
end	string	无	表示有效时间范围的结束，字符串格式为"hh:mm"
bindchange	eventhandle	无	value 改变时触发 change 事件，event.detail = {value}

在代码示例 4-16 所示的 WXML 文件中有一个 picker 组件，通过将 mode 值设为 time，实现时间选择器的功能，其运行效果如图 4-29 所示。在该时间选择器中，通过 start 和 end 属性设置时间的选择范围为 6:00 至 12:00，通过 bind:chage 属性绑定 change 事件的处理函数 pickTime，在 pickTime 函数中将用户选择的时间写入变量 time。

代码示例 4-16　时间选择器的使用

```
<!-- WXML 文件 -->
<picker mode="time" value="{{time}}" start="6:00" end="12:00"
    bind:change="pickTime">
  <view>请选择时间：{{time}}</view>
</picker>
// JS 文件
Page({
  data: {
    time: "7:00"
  },
  pickTime: function(e){
    console.log(e.detail.value)
    this.setData({
      time: e.detail.value
    })
  }
})
```

图 4-29　时间选择器的运行效果

四、日期选择器

当 mode 的值为 date 时，表示 picker 为日期选择器，其专有属性如表 4-17 所示。其中，fields 可以设置时间选择的最小粒度，可以为 year、month、day，分别对应年、月、日。

表 4-17 picker 为日期选择器时的专有属性

属 性 名	类 型	默 认 值	说 明
value	string	当天	表示选中的日期，格式为"YYYY-MM-DD"
start	string	无	表示有效日期范围的开始，字符串格式为"YYYY-MM-DD"
end	string	无	表示有效日期范围的结束，字符串格式为"YYYY-MM-DD"
fields	string	day	有效值为 year、month、day，表示选择器的粒度
bindchange	eventhandle	无	value 改变时触发 change 事件，event.detail = {value}

代码示例 4-17 演示了一个日期选择器的使用。在 WXML 文件中有一个 picker 组件，picker 属性中有 mode、value、start、end、bind:change。其中，mode 的值为 date，表示 picker 为日期选择器；start 和 end 属性分别设置可以选择的开始日期为 2021 年 1 月 1 日、结束日期为 2022 年 12 月 31 日；bind:change 属性绑定 change 事件的响应方法 pickDate，pickDate 方法完成对变量 date 的赋值。其运行效果如图 4-30 所示。

代码示例 4-17　日期选择器的使用

```
<!-- WXML 文件 -->
<picker mode="date" value="{{date}}" start="2021-01-01" end="2022-12-31"
bind:change="pickDate">
  <view>请选择时间：{{date}}</view>
</picker>
// JS 文件
Page({
  data: {
    date: ""
  },
  pickDate: function(e){
    console.log(e.detail.value)
    this.setData({
      date: e.detail.value
    })
  }
})
```

图 4-30　日期选择器的运行效果

五、省市区选择器

当 mode 的值为 region 时，表示 picker 为省市区选择器，其专有属性如表 4-18 所示。

表 4-18　picker 为省市区选择器时的专有属性

属 性 名	类 型	默 认 值	说 明
value	array	[]	表示选中的省市区，默认选中每列的第一个值
custom-item	string	无	可为每列的顶部添加一个自定义的项
bindchange	eventhandle	无	当 value 改变时触发 change 事件，event.detail = {value, code, postcode}，其中，字段 code 是统计用区划代码，postcode 是邮政编码

在代码示例 4-18 所示的页面 WXML 文件中有一个 picker 组件，通过将 mode 属性设置为 region，该 picker 成为省市区选择器。bind:change 属性绑定 change 事件的响应函数为 pickRegion。在 pickRegion 函数中，将用户选择的省市区写入变量 region 中，从而实现用户动态选择省市区的效果，如图 4-31 所示。

代码示例 4-18　省市区选择器的使用

```
<!-- WXML 文件 -->
<picker mode="region" bind:change="pickRegion">
  <view>出生地：{{region}}</view>
```

```
</picker>
// JS 文件
Page({
  data: {
    region: ""
  },
  pickRegion: function(e){
    this.setData({
      region: e.detail.value
    });
  }
})
```

图 4-31 省市区选择器的运行效果

4.4.5 slider

slider 是滑动选择器，是移动设备的专有组件。用户可以直接通过 slider 滑动来实现数值的输入，其常用属性如表 4-19 所示。

表 4-19　slider 组件的常用属性

属　　性	类　　型	默 认 值	说　　明
min	number	0	最小值
max	number	100	最大值
step	number	1	步长，取值必须大于 0，并且可被(max－min)整除
disabled	boolean	false	是否禁用
value	number	0	当前取值
color	color	#e9e9e9	背景条的颜色（请使用 backgroundColor）
selected-color	color	#1aad19	已选择的颜色（请使用 activeColor）
activeColor	color	#1aad19	已选择的颜色
backgroundColor	color	#e9e9e9	背景条的颜色
block-size	number	28	滑块的大小，取值范围为 12～28
block-color	color	#ffffff	滑块的颜色
show-value	boolean	false	是否显示当前 value
bindchange	eventhandle	无	完成一次拖动后触发的事件，event.detail = {value}
bindchanging	eventhandle	无	拖动过程中触发的事件，event.detail = {value}

代码示例 4-19 演示了 slider 的使用，WXML 文件中有一个 slider 组件，该 slider 定义初始 value 为 20，使用 show-value 属性显示 slider 的值，使用 min 和 max 限定滑动数值范围，运行效果如图 4-32 所示。当用户滑动该组件结束的时候，会发生 change 事件，进而 bind:change 绑定的方法会被触发执行，其运行结果如图 4-33 所示。

代码示例 4-19　slider 的使用

```
<!-- WXML 文件 -->
<label>请选择年龄：</label>
<slider value="20" show-value min="0" max="150" bind:change="slide"></slider>
// JS 文件
Page({
  slide: function(e){
    console.log("slide 发生 change 事件，携带的 value 为" + e.detail.value);
  }
})
```

图 4-32　slider 组件的运行效果

图 4-33　slider 绑定的 change 事件

4.4.6　switch

switch 是开关选择器，其状态只有两种，即开或关，类似生活中的开关。它是移动设备的专有组件，常用值只有两种状态的输入，其主要属性如表 4-20 所示。

表 4-20 switch 组件的主要属性

属 性	类 型	默 认 值	说 明
checked	boolean	false	是否选中
disabled	boolean	false	是否禁用
type	string	switch	样式，有效值为：switch、checkbox
color	string	#04BE02	switch 的颜色，同 CSS 中的 color
bindchange	eventhandle	无	checked 改变时触发 change 事件，event.detail={ value}

需要特别注意的是，type 属性有两个值，分别是 switch 和 checkbox。如果 type 的值是 checkbox 的话，那么 switch 的显示将和 checkbox 一致。因为 checkbox 也只有两种状态，在这一点上和 switch 是一致的。正因为 switch 只有两种状态，所以 switch 的 value 也只有两种状态，即 true 和 false。

在代码示例 4-20 所示的页面 WXML 文件中有一个 switch 组件，该 switch 组件通过声明式属性 checked，让其默认处于开启状态，通过 bind:change 方法给 change 事件绑定处理函数 toggle，toggle 函数对 switch 的值进行打印，其运行效果如图 4-34 所示。点击 switch 组件后调试器 Console 的打印内容为 switch 组件的 value，如图 4-35 所示。

代码示例 4-20 switch 的使用

```
<!--WXML 文件-->
<label>使用匿名模式</label>
<switch checked bind:change="toggle"></switch>
// JS 文件
Page({
  toggle: function(e){
    console.log(e.detail.value);
  }
})
```

图 4-34 switch 组件的运行效果

图 4-35 打印 switch 组件的 value

4.4.7 button

button 即按钮，几乎是所有人机交互界面都有的组件。微信小程序中的 button 组件由于引入了微信开放能力而具有异常强大的功能，其主要属性如表 4-21 所示。

表 4-21 button 组件的主要属性

属 性	类 型	默 认 值	说 明
size	string	default	按钮的大小
type	string	default	按钮的样式类型

续表

属 性	类 型	默 认 值	说 明
plain	boolean	false	按钮是否镂空，背景色透明
disabled	boolean	false	是否禁用
loading	boolean	false	名称前是否带 loading 图标
form-type	string	无	用于 form 组件，点击分别会触发 form 组件的 submit/reset 事件
open-type	string	无	微信开放能力
hover-class	string	button-hover	指定按钮按下去的样式类型。当 hover-class="none"时，没有点击态效果
bindgetuserinfo	eventhandle	无	用户点击该按钮时，会返回获取到的用户信息，回调的 detail 数据与 wx.getUserInfo 返回的数据一致，当 open-type="getUserInfo"时有效
bindcontact	eventhandle	无	客服消息回调，当 open-type="contact"时有效
bindgetphonenumber	eventhandle	无	获取用户手机号码回调，当 open-type=getPhoneNumber 时有效

按钮是让用户通过按压使用的，所以按钮有 hover-class，其默认样式是 button-hover，用户可以对其重新赋值。需要注意的是，bindgetuserinfo、bindcontact 和 bindgetphonenumber 是事件绑定事件的写法，但是 getuserinfo、contact 和 getphonenumber 却不是事件，更不会冒泡到父级元素上去。form-type 属性需要与 form 组件配合使用，将在"4.4.8　form"中进行讲解。

button 组件的众多属性中最特殊的是 open-type，它可以开启按钮在微信小程序中的专有开放能力，比如打开客服会话、获取微信绑定的手机号码、获取微信账号信息等，其合法值如表 4-22 所示。

表 4-22　open-type 的合法值

值	说 明
contact	打开客服会话，如果用户在会话中点击消息卡片之后返回小程序，则可以从 bindcontact 回调中获取具体信息
share	触发用户转发，使用前建议先阅读使用指引
getPhoneNumber	获取用户手机号码，可以从 bindgetphonenumber 回调中获取用户信息，需要通过微信认证
getUserInfo	获取用户信息，可以从 bindgetuserinfo 回调中获取用户信息
launchApp	打开 App，可以通过 app-parameter 属性设定向 App 传递参数的具体说明
openSetting	打开"授权设置"页面
feedback	打开"意见反馈"页面，用户可以提交反馈内容并上传日志，开发者可以登录小程序管理后台并进入左侧菜单"客服反馈"页面获取反馈内容

在代码示例 4-21 所示的页面 WXML 文件中有 3 个 button 组件，第一个 button 组件的样式类型为 primary，size 为 mini，所以第一个按钮的背景颜色为绿色、尺寸较小；第二个 button 组件的样式类型为 default，size 为 mini 并且有 plain 属性，所以第二个按钮的背景颜色为白色、尺寸较小并且有镂空效果；第三个 button 组件的样式类型为 primary，size 为默认值，所以第三个按钮的背景颜色为绿色、尺寸较大，其运行效果如图 4-36 所示。另外，第三个按钮的 open-type 为 getuserinfo，表示该按钮使用了微信开放能力 getuserinfo，所以可以获取用户信

息。通过 bind:getuserinfo 绑定 info 方法可以实现在点击按钮时触发 info 方法，info 方法的调试器 Console 运行结果如图 4-37 所示，有用户性别、省市区、微信头像地址等。

代码示例 4-21　button 的使用

```
<!-- WXML 文件 -->
<view class="container">
  <button type="primary" form-type="submit" size="mini">确定</button>
  <button type="default" form-type="reset" plain size="mini">重置</button>
  <button type="primary" open-type="getUserInfo" bindgetuserinfo="info">用户信息
</button>
</view>
/* WXSS 文件 */
button{
  margin: 5rpx 0;
}
// JS 文件
Page({
  info: function(i){
    console.log(i.detail.rawData);
  }
})
```

图 4-36　button 组件的运行效果

图 4-37　info 方法的调试器 Console 运行结果

4.4.8　form

微课：form

form 是表单组件，内容可以是其他任何表单元素，包括 switch、input、checkbox、checkbox-group、slider、radio、radio-group、picker、picker-view 和 editor 等。form 组件最重要的作用是将 form 中用户输入的 switch、input、checkbox、slider、radio 和 picker 等表单组件的值进行提交。form 组件的主要属性如表 4-23 所示。

表 4-23　form 组件的主要属性

属　　性	类　　型	默 认 值	说　　明
report-submit	boolean	false	是否返回 formId 用于发送模板消息
report-submit-timeout	number	0	等待一段时间（毫秒数）以确认 formId 是否生效。如果未指定该参数，则 formId 有很小的概率是无效的（如遇到网络失败的情况）。指定该参数可以检测 formId 是否有效，以该参数的时间作为这项检测的超时时间。如果失败，则返回 requestFormId:fail 开头的 formId
bindsubmit	eventhandle		携带 form 中的数据触发 submit 事件，event.detail = {value : {'name': 'value'} , formId: ''}
bindreset	eventhandle		在表单重置时会触发 reset 事件

　　下面通过一个例子来快速了解 form 的提交操作。代码示例 4-22 所示是一个用户注册页面，在 form 中有 input、radio、slider、checkbox 等组件，其运行效果如图 4-38 所示。这些 form 组件除常规属性外还有 name 属性，name 属性仅当表单组件为 form 的内容时才有效，它表示在提交整个表单时该表单组件的名称，name 的值会作为表单提交事件对象中 value 属性的 key。同时，如果 form 中的表单组件没有定义 name 属性，那么在 form 提交时，该表单组件会被忽略。另外，form 的内容中还有两个按钮分别是"提交"和"重置"。其中，"提交"按钮的 form-type 属性值为 submit，表示点击该按钮时会产生 submit 事件，进而触发 bind:submit 属性绑定的 fSubmit 方法，该方法会自动获取事件对象作为参数。假设 fSubmit 方法的形式参数名称为 f，那么 f.detail.value 对象即应该被提交的 form 组件中全部表单组件的值（仅限声明了 name 属性的表单组件）。fSubmit 在调试器 Console 中的运行结果如图 4-39 所示。"重置"按钮的 form-type 属性值为 reset，点击该按钮时会清空该 form 中全部表单组件的输入值，还会产生 reset 事件，进而触发 bind:reset 属性绑定的 fReset 方法，该方法会自动获取事件对象作为参数，fResset 在调试器 Console 中的运行结果如图 4-40 所示。

代码示例 4-22　form 的使用

```
<!-- WXML 文件 -->
<form bind:submit="fSubmit" bind:reset="fReset">
  <view class="item">
    <label>姓名：</label>
    <input name="name"></input>
  </view>
  <view class="item">
    <label>性别：</label>
    <radio-group name="gender">
      <radio value="male">男</radio>
      <radio value="female">女</radio>
    </radio-group>
  </view>
  <view class="item">
    <label>年龄：</label>
    <slider show-value min="0" max="150" name="age"></slider>
```

```
  </view>
  <view class="item">
    <label>爱好: </label>
    <checkbox-group name="hobby">
      <checkbox value="swimming">游泳</checkbox>
      <checkbox value="photography">摄影</checkbox>
      <checkbox value="reading">阅读</checkbox>
      <checkbox value="game">游戏</checkbox>
    </checkbox-group>
  </view>
  <button type="primary" form-type="submit">提交</button>
  <button form-type="reset">重置</button>
</form>
/* WXSS 文件 */
input{
  border: gray solid 1rpx;
  width: 500rpx;
}
.item{
  padding: 10rpx;
  display: flex;
  flex-direction: row;
}
slider{
  width: 500rpx;
}
button{
  margin: 10rpx;
}
// JS 文件
Page({
  fSubmit: function(f){
    console.log(f.detail.value.name);
    console.log(f.detail.value.gender);
    console.log(f.detail.value.age);
    console.log(f.detail.value.hobby);
    // TODO 通过 wxwx.request() API 与服务器进行交互，将表单的数据进行提交
  },
  fReset: function(r){
    console.log(r);
  }
})
```

图 4-38　form 组件的运行效果

图 4-39　fSubmit 在调试器 Console 中的运行结果

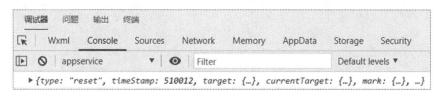

图 4-40　fResset 在调试器 Console 中的运行结果

4.5　导航组件

微课：导航组件

　　在 HTML 开发中，我们经常使用 link 元素来指定一个内部或外部链接，从而实现页面跳转功能，而微信小程序中的页面链接需要使用导航组件来实现。微信小程序中的导航组件有两种：navigator 和 functional-page-navigator，navigator 用于小程序，functional-page-navigator 用于插件，且仅在插件中有效，用于跳转到插件功能页面。本节重点讲解 navigator，navigator 组件的主要属性如表 4-24 所示。

表 4-24　navigator 组件的主要属性

属　　性	类　　型	默　认　值	说　　明
target	string	self	指定跳转到哪个目标上，self 表示当前小程序，miniProgram 表示其他小程序
url	string	无	当前小程序内的跳转链接
open-type	string	navigate	跳转方式
delta	number	1	当 open-type 为 navigateBack 时有效，表示回退的层数
app-id	string	无	当 target="miniProgram"时有效，需要打开小程序的 AppId
path	string	无	当 target="miniProgram"时有效，需要打开页面路径，如果为空则打开首页
extra-data	object	无	当 target="miniProgram"时有效，需要给目标小程序传递的数据，目标小程序可在 App.onLaunch()、App.onShow()中获取这份数据
short-link	string	无	当 target="miniProgram"时有效，在传递该参数之后，可以不传递 AppId 和 path。链接可以通过"小程序菜单" → "复制链接"获取
hover-class	string	navigator-hover	指定点击时的样式类型，当 hover-class="none"时，没有点击态效果
bindsuccess	string	无	当 target="miniProgram"时有效，表示跳转小程序成功

续表

属 性	类 型	默 认 值	说 明
bindfail	string	无	当 target="miniProgram"时有效，表示跳转小程序失败
bindcomplete	string	无	当 target="miniProgram"时有效，表示跳转小程序完成

navigator 组件的众多属性中最重要的是 open-type，它决定了 navigator 的打开类型，其值有 6 种，如表 4-25 所示。

表 4-25　open-type 的值

值	说 明
navigate	跳转到某页面，等效于 wx.navigateTo
redirect	关闭当前页面，并跳转到新页面，与 wx.redirectTo 效果相同
switchTab	切换到另外的 Tab 选项卡，与 wx.switchTab 效果相同
reLaunch	重启小程序，与 wx.reLaunch 效果相同
navigateBack	返回上个页面，与 wx.navigateBack 效果相同
exit	退出小程序，当 target="miniProgram"时生效

open-type 属性对应的 6 种具体导航方式都有相应的 API，这是因为我们不仅需要用户通过点击 navigator 实现跳转导航，而且需要通过代码直接实现跳转导航，具体的导航路由 API 将在"第 6 章　API"中进行讲解。

下面通过示例来快速了解 navigator。代码示例 4-23 所示的程序有 2 个页面 a 和 b，a 页面有 4 个 navigator 组件，其 open-type 分别是 navigate、redirect、reLaunch、exit，a 页面的运行效果如图 4-41 所示；b 页面有 1 个 navigator 组件，其 open-type 为 navigateBack，b 页面的运行效果如图 4-42 所示。

a 页面中第一个 navigator 组件的 open-type 为 navigate，url 为 b 页面的相对地址，表示在不关闭当前 a 页面的情况下跳转到 b 页面。点击该 navigator 跳转到 b 页面，如图 4-42 所示。此时 b 页面中 navigator 的 open-type 为 navigateBack，点击该 navigator 将返回 a 页面。

a 页面中第二个 navigator 组件的 open-type 为 redirect，url 为 b 页面的相对地址，表示在跳转到 b 页面的同时关闭 a 页面。点击该 navigator 跳转到 b 页面，如图 4-43 所示，其左上角多了一个返回小程序首页的图标，与此同时 b 页面的 navigator 也失效了，因为上一个 a 页面已经被关闭了。

a 页面中第三个 navigator 组件的 open-type 为 reLaunch，url 为 b 页面的相对地址，表示重启小程序并在重新启动后直接进入 b 页面。点击该 navigator 跳转到 b 页面，如图 4-43 所示，其左上角多了一个返回小程序首页的图标，与此同时 b 页面的 navigator 也失效了，因为在小程序经过重启后，用户直接进入了 b 页面，即没有前一个页面了。

a 页面中第四个 navigator 组件的 open-type 为 exit，target 为 miniProgram，表示点击该 navigator 将关闭当前的小程序。

代码示例 4-23　navigator 的使用

```
<!-- a.wxml -->
<view class="title">page a</view>
<view>
```

```
  <navigator open-type="navigate" url="../b/b">navigate to page  b</navigator>
  <navigator open-type="redirect" url="../b/b">redirect to page b</navigator>
  <navigator open-type="reLaunch" url="../b/b">reLaunch</navigator>
  <navigator open-type="exit" target="miniProgram">exit</navigator>
</view>
<!-- b.wxml -->
<view class="title">page b</view>
<navigator open-type="navigateBack">navigate back</navigator>
/* app.wxss */
.title{
  text-align: center;
  font-size: x-large;
  width: 100%;
}
navigator{
  margin: 10rpx 20rpx;
  padding: 8rpx;
  border: darkgrey solid 1rpx;
}
```

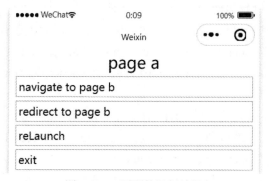

图 4-41　a 页面的运行效果

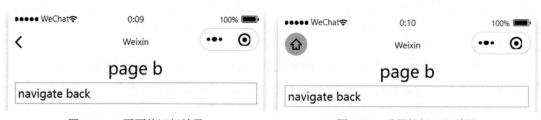

图 4-42　b 页面的运行效果　　　　图 4-43　重置按钮运行效果

4.6　媒体组件

媒体组件主要用于多媒体方面，比如图像、音视频等，主要有 4 个组件，分别是 image、audio、video、camera。其中，audio 组件已经被腾讯官方放弃维护，目前官方推荐使用能力更强的 wx.createInnerAudioContext 接口。

4.6.1 image

微课: image

image 组件用于图片的显示, 目前支持的图片格式有 jgp、png、svg、webp、gif, 既可以是本地图片, 又可以是网络图片, 还可以是腾讯云文件的 FildID。image 组件的主要属性如表 4-26 所示。

表 4-26　image 组件的主要属性

属 性	类 型	默 认 值	说 明
src	string	无	图片资源地址
mode	string	scaleToFill	图片裁剪、缩放的模式
webp	boolean	false	默认不解析 webp 格式, 只支持网络资源
lazy-load	boolean	false	图片懒加载, 在即将进入一定范围(上下三屏)时才开始加载
show-menu -by-longpress	boolean	false	长按图片显示发送给朋友、收藏、保存图片、搜一搜、打开名片/前往群聊、打开小程序(若图片中包含对应二维码或小程序码)的菜单
binderror	eventhandle	无	当发生错误时触发, event.detail = {errMsg}
bindload	eventhandle	无	当图片载入完毕时触发, event.detail = {height, width}

image 组件最麻烦的地方在于图片尺寸规格的不统一, 而通常页面留给它的空间是固定的, 这使网络图片渲染方式成为一个问题。而在微信小程序中, image 组件充分考虑了这个问题, image 的 mode 属性共有 14 个值, 能满足各种显示需求, mode 的值如表 4-27 所示。

表 4-27　mode 的值

值	说 明
scaleToFill	缩放模式, 不保持纵横比缩放图片, 使图片的宽、高完全拉伸至填满 image 组件
aspectFit	缩放模式, 保持纵横比缩放图片, 使图片的长边能完全显示出来, 即完整地将图片显示出来
aspectFill	缩放模式, 保持纵横比缩放图片, 只保证图片的短边能完全显示出来, 即图片通常只在水平或垂直方向上是完整的, 而在另一个方向上会发生截取
widthFix	缩放模式, 宽度不变, 高度自动变化, 保持原图宽高比不变
heightFix	缩放模式, 高度不变, 宽度自动变化, 保持原图宽高比不变
top	裁剪模式, 不缩放图片, 只显示图片的顶部区域
bottom	裁剪模式, 不缩放图片, 只显示图片的底部区域
center	裁剪模式, 不缩放图片, 只显示图片的中间区域
left	裁剪模式, 不缩放图片, 只显示图片的左边区域
right	裁剪模式, 不缩放图片, 只显示图片的右边区域
top left	裁剪模式, 不缩放图片, 只显示图片的左上区域
top right	裁剪模式, 不缩放图片, 只显示图片的右上区域
bottom left	裁剪模式, 不缩放图片, 只显示图片的左下区域
bottom right	裁剪模式, 不缩放图片, 只显示图片的右下区域

image 组件默认的宽度为 320px, 高度为 240px, 通常需要我们根据实际情况进行自定义。下面通过一个例子来讲解 image 组件。在代码示例 4-24 所示的页面 WXML 文件中有 3 个 image 组件, 最终运行效果如图 4-44 所示。3 个 image 组件的图片地址都是数据绑定的变量

imageURL，即 3 个 image 显示的是同一个图片，但是它们的 mode 属性值各不相同。

第一个 image 组件的 mode 为 scaleToFill，所以该 image 组件会放弃比例，而把图片的宽度和高度全部拉伸至填满组件为止。如果 image 组件的宽高比和图片的宽高比不一致，那么最终显示的图片比例就会失调，出现图片"变胖"或"变瘦"的情况，如图 4-44 中第一个 image 组件所示。

第二个 image 组件的 mode 为 aspectFill，表示图片保持比例，只保证图片的短边完整显示，对于长边可以裁剪。如果 image 组件的宽高比和图片的宽高比不一致，那么图片在 image 组件中的长边会出现被裁剪的情况，以致长边显示不完整，如图 4-44 中第二个 image 组件所示。

第三个 image 组件的 mode 为 aspectFit，表示图片保持比例，并且长边和短边都要显示完整，即图片显示完整。如果 image 组件的宽高比和图片的宽高比不一致，则会造成 image 组件中有空白区域，如图 4-44 中第三个 image 组件所示。

代码示例 4-24　image 的使用

```
<!-- WXML 文件 -->
<image src="{{imageURL}}" mode="scaleToFill"></image>
<image src="{{imageURL}}" mode="aspectFill"></image>
<image src="{{imageURL}}" mode="aspectFit"></image>
/* WXSS 文件 */
image{
  margin: 15rpx;
  height: 320rpx;
  width: 320rpx;
  border: 1rpx solid black;
}
// JS 文件
Page({
  data: {
    imageURL: "https://res.wx.qq.com/wxdoc/dist/assets/img/0.4cb08bb4.jpg"
  }
})
```

图 4-44　image 组件的运行效果

4.6.2　video

微课：video

video 是微信小程序中比较复杂的组件，属性非常多，功能也十分强大，具有弹幕、手势控制等高级特性。video 支持本地、网络资源、腾讯云文件的视频资源，对应的 API 为 wx.createVideoContext。video 组件的主要属性如表 4-28 所示。

表 4-28　video 组件的主要属性

属　　性	类　　型	默　认　值	说　　　明
src	string		要播放视频的资源地址，支持网络路径、本地临时路径、云文件 ID（自微信小程序 2.3.0 版本开始）
duration	number		指定视频时长
controls	boolean	true	是否显示默认播放控件（播放/暂停按钮、播放进度、时间）
autoplay	boolean	false	是否自动播放
loop	boolean	false	是否循环播放
muted	boolean	false	是否静音播放
initial-time	number	0	指定视频初始播放位置
direction	number		设置全屏时视频的方向，若不指定则根据宽高比自动判断
object-fit	string	contain	当视频大小与 video 容器大小不一致时视频的表现形式
poster	string		视频封面的图片网络资源地址或云文件 ID（自微信小程序 2.3.0 版本开始）。若 controls 属性值为 false 则设置 poster 无效
show-mute-btn	boolean	false	是否显示静音按钮

video 组件默认的宽度为 300px，高度为 225px，可通过 WXSS 文件设置。开发者需要固定 video 的宽度和高度，video 组件和视频之间的空白处将以黑色进行填充，如果视频尺寸大于 video 容器，则可以通过 object-fit 属性来指定视频的表现形式，可以是 contain（视频包含容器）、fill（视频填充容器）、cover（视频覆盖容器）。

在代码示例 4-25 所示的 WXML 页面文件中，video 组件声明了 controls、autoplay、loop 属性，表示显示播放控制按钮、自动播放、结束后自动循环播放，其运行效果如图 4-45 所示。

代码示例 4-25　video 的使用

```
<!-- WXML 文件 -->
<video id="myVideo" src="{{videoURL}}" controls autoplay loop></video>
/* WXSS 文件 */
video{
  width: 100%;
}
```

图 4-45　video 组件的运行效果

4.6.3　camera

开发者可以通过 camera 组件调用系统相机并使用摄像头功能，组件支持变焦，在使用时需要用户授权 scope.camera，对应的 API 为 wx.createCameraContext。camera 组件的主要属性如表 4-29 所示。

表 4-29　camera 组件的主要属性

属　　性	类　　型	默 认 值	说　　明
mode	string	normal	应用模式，只在初始化时有效，不动态变更
resolution	string	medium	分辨率，不支持动态修改
device-position	string	back	摄像头朝向
flash	string	auto	闪光灯，值为 auto、on、off、torch
frame-size	string	medium	指定期望的相机帧数据尺寸
bindstop	eventhandle	无	在摄像头非正常终止时触发，如退出后台等
binderror	eventhandle	无	在用户不允许使用摄像头时触发
bindinitdone	eventhandle	无	在相机初始化完成时触发，e.detail = {maxZoom}
bindscancode	eventhandle	无	在扫码识别成功时触发，仅在 mode="scanCode"时生效

应用模式 mode 的属性值有 normal 和 scanCode，normal 表示普通相机，scanCode 表示扫码模式。resolution 表示相机的分辨率，其属性值有 low、medium 和 high，low 表示相机使用低分辨率模式，medium 表示中等分辨率，high 表示高分辨率。device-position 的属性值有 front 和 back，front 表示使用手机的前置摄像头，back 表示使用手机的后置摄像头。flash 表示闪光灯状态，auto 表示自动，on 表示在拍摄时打开，off 表示关闭，torch 表示常亮。需要特别强调的是，同一页面只能插入一个 camera 组件，这是因为系统的摄像头为独占型资源，不可能被多个 camera 组件同时调用。

代码示例 4-26 所示的 WXML 页面文件中有一个 camera 组件，宽度占满屏幕，高度固定为 400rpx，文件中还有"拍照"的 button 组件，该按钮的作用是拍照并将照片的地址赋值给数据绑定的变量 src，从而让照片最终显示在页面中，运行效果如图 4-46 所示。需要注意的是，camera 通常需要配合 wx.createCameraContext 一起使用，通过该 API 可以获取摄像头对象，而摄像头对象具有 takePhoto、startRecord、stopRecord 等拍照、摄像 API，从而可以通过程序对象对拍照、摄像进行控制。在代码示例 4-26 所示的 JS 文件中，首先在页面 onLoad 方法中获得摄像头上下文对象并赋值给当前的环境变量 ctx，然后就可以在 takePhoto 方法中使用 ctx 了。

代码示例 4-26 camera 的使用

```
<!-- WXML 文件 -->
<camera style="width: 100%; height: 400rpx;"></camera>
<button type="primary" bindtap="takePhoto">拍照</button>
<view>预览</view>
<image wx:if="{{src}}" mode="widthFix" src="{{src}}"></image>
// JS 文件
Page({
  data: {
    src: ""
  },
  onLoad: function(){
    this.ctx = wx.createCameraContext()
  },
  takePhoto: function() {
    this.ctx.takePhoto({
      quality: 'high',
      success: (res) => {
        this.setData({
          src: res.tempImagePath
        })
      }
    })
  }
})
```

图 4-46 camera 组件的运行效果

4.7 开放能力组件

本节讲解的组件都比较容易上手，没有什么难度、配置项也非常少，它们主要与小程序的外部事物相关联，让微信小程序与其他事物互联互通，使微信小程序具有开放能力，这对微信小程序融入微信生态圈是必不可少的，我们把它们定义为开放能力组件。

4.7.1 web-view

微课：web-view

web-view 是微信小程序中渲染显示网页的组件，是承载网页的容器。每个微信小程序页面都只能有一个 web-view 组件。web-view 组件会自动占满整个页面，并覆盖其他组件。它对网页的访问并不是随意的，在正式上线使用之前需要配置域名白名单。另外，web-view 组件支持部分 JSSDK，开发者可以根据业务需要在网页中使用 JSSDK。目前，web-view 组件只能用于企业组织类微信小程序，个人类型的小程序暂不支持使用，在开发工具中不受影响。web-view 组件的主要属性如表 4-30 所示。

表 4-30　web-view 组件的主要属性

属　　性	类　　型	说　　明
src	string	web-view 指向网页的链接。可打开关联的公众号的文章，其他网页需要登录小程序管理后台配置业务域名
bindmessage	eventhandler	网页向小程序 postMessage 时，会在特定时机（小程序后退、组件销毁、分享）触发并收到消息。e.detail = { data }，data 是多次 postMessage 参数组成的数组
bindload	eventhandler	在网页加载成功时触发此事件。e.detail = { src }
binderror	eventhandler	在网页加载失败时触发此事件。e.detail = { src }

下面通过一个例子来了解 web-view 的使用。代码示例 4-27 所示的页面 WXML 文件中仅有一个 web-view 组件，该 web-view 访问的地址是百度官方网站，但在实际运行时出现了图 4-47 所示的失败页面，原因是访问的地址并不在域名白名单中，但是在开发中可以通过设置来忽略合法域名的问题，如图 4-48 所示。在微信开发者工具的右上角选择"详情"选项，选择"本地设置"选项，打开对应的选项卡，最后勾选"不校验合法域名、web-view（业务域名）、TLS 版本以及 HTTPS 证书"复选框，这样就会出现图 4-49 所示的成功页面。需要注意的是，该选项仅为方便开发者，线下运行的版本还要在小程序的微信公众平台中配置域名白名单。

代码示例 4-27　web-view 的使用

```
<!-- WXML 文件 -->
<web-view src="https://www.baidu.com/"></web-view>
```

图 4-47　web-view 打开网页失败

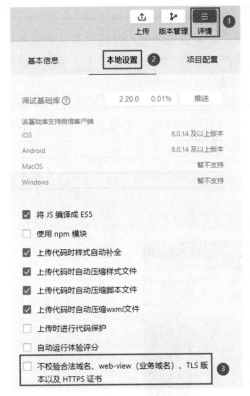

图 4-48　设置不校验合法域名

图 4-49　web-view 打开网页成功

4.7.2　ad

广告是互联网生态圈的重要组成部分，对于腾讯微信生态而言更是如此。腾讯的口号是"微信广告，让你的业务与用户连接"，其优势是整合亿级优质用户流量，利用专业数据处理算法，为广告主提供社交推广的营销平台，这对很多广告主而言是非常具有吸引力的。目前，微信广告的流量场景有朋友圈广告、公众号广告和小程序广告，其中，小程序广告的特点是由小程序流量主自定义的展现场景，流量主可以根据各自小程序的特点，灵活设置展现页面与位置。常见的展现场景有文章页的末尾、详情页的底部、信息流的顶部或信息流之间。

同时，小程序广告的植入非常简单，仅需在预设页面合适的地方插入 ad 组件即可。ad 组件的主要属性如表 4-31 所示。

表 4-31　ad 组件的主要属性

属　　性	类　　型	默　认　值	说　　明
unit-id	string		广告单元 id，可在后台的流量主模块中新建
ad-intervals	number		广告自动刷新的间隔时间，单位为秒，参数值必须大于或等于 30，在不传入时不会自动刷新
ad-type	string	banner	广告类型，默认为展示 banner，可通过设置该属性为 video 展示视频广告，grid 为格子广告
ad-theme	string	white	主题
bindload	eventhandle		加载成功的回调
binderror	eventhandle		加载失败的回调，event.detail = {errCode: 1002}
bindclose	eventhandle		关闭的回调

　　使用 unit-id 需要在小程序对应微信公众平台中开通流量主功能，开通的主要条件是累计独立访客（UV）不低于 1000，且存在刷粉行为或有严重违规记录的小程序不予申请。ad-type 属性表示广告类型，有 banner、video、grid 三种属性值。

　　在页面 WXML 文件中加入代码示例 4-28 所示的代码片段，在无广告展示时，ad 标签不会占用高度，也可以给 ad 标签设置 wxss 样式调整广告宽度，以使广告与页面更融洽，示例中的 ad-type 为 video，即视频。最终广告效果如图 4-50 所示。

```
代码示例 4-28　ad 的使用
<!-- WXML 文件 -->
<ad unit-id="你的广告单元id" ad-type="video"></ad>
```

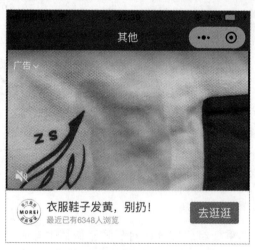

图 4-50　最终广告效果

4.7.3　official-account

　　official-account 是公众号关注组件。当用户通过扫描小程序二维码打开小程序时，开发者可以在小程序内配置公众号关注组件，方便用户快速关注公众号，该组件可以嵌套在原生组件内。引导关注的公众号需要提前设置好。在使用 official-account 之前，打开微信小程序对应的微信公众平台，选择"设置"→"关注公众号"选项，在对应的选项卡中设置要展示的公众号，设置的公众号需与小程序主体一致，如图 4-51 所示。

图 4-51　微信小程序设置关注公众号

如果小程序中出现过多的公众号关注组件或者该组件所占的篇幅很夸张，那么显然是不合理的，因此每个页面都只能配置一个 official-account 组件且限定最小宽度为 300px，高度为固定值 84px。

只有在特殊的场景下该组件才会被渲染显示，场景如下：从扫描小程序二维码（场景值 1047，场景值 1124）中打开小程序；从聊天页面顶部场景（场景值 1089）中的"最近使用"内打开小程序，若小程序之前未被销毁，则该组件会保持上一次打开小程序时的状态；从其他小程序返回该小程序（场景值 1038），若小程序之前未被销毁，则该组件会保持上一次打开小程序时的状态。另外，为了方便开发者调试，除了上述 3 种情况，还可以扫描二维码（场景值 1011）打开。

在某详情浏览页面的开头有代码示例 4-29 所示的代码片段，在用户通过扫码进入小程序之后，该页面的顶部会显示图 4-52 所示的公众号关注区域。

代码示例 4-29　official-account 的使用

```
<!-- WXML 文件 -->
<official-account style="width: 100%;"></official-account>
```

图 4-52　微信小程序设置公众号关注区域

小程序支持简洁的组件化编程，开发者可以将页面内的功能模块抽象成自定义组件，以便在不同的页面中重复使用；也可以将复杂的页面拆分成多个低耦合的模块，有助于代码维护。本章将首先通过 footer 案例来讲解自定义组件的创建和使用，然后讲解常见的自定义组件，包括微信小程序拓展组件和 WeUI 组件。

5.1 自定义组件

虽然不是所有的开发者都需要开发自定义组件，但是了解自定义组件的创建过程可以加深我们对自定义组件的认知，让我们有能力对现有的自定义组件进行修改，从而让该自定义组件更符合业务需要。例如，微信小程序很多页面都用到了底部版权信息，我们希望将它写成通用的自定义组件 footer，其运行效果如图 5-1 所示，包含组织的名称、版权标识、时间、域名，全部居中显示。在点击 footer 组件之后会跳转到组织的介绍页面。本节将通过 footer 案例来讲解自定义组件的创建和使用过程。

图 5-1　footer 组件的运行效果

5.1.1　创建自定义组件

微课：创建自定义组件

类似于微信小程序的普通页面，一个自定义组件通常由 JSON、WXML、WXSS 和 JS 4 个文件组成，而且这 4 个文件的作用与其在普通页面中的作用类似。

一、创建专用目录

通常一个小程序项目会有多个自定义组件，我们需要把自定义组件清楚地管理起来。最佳的管理方法是给多个自定义组件创建专用目录，并将自定义组件全部放在该目录中。比如在微信小程序项目工程的根目录中创建名为 components 的目录，当然目录名称可以是其他的，如

图 5-2 所示。

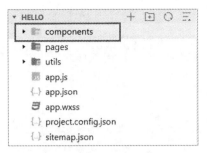

图 5-2　新建 components 目录

二、创建 components

自定义组件中 4 个文件的创建方法和其在普通页面中的创建方法类似，不需要手动逐个创建，具体步骤如下。

（1）在 components 目录中创建自定义组件的目录 footer。

（2）右击 "footer" 节点，在弹出的快捷菜单中选择 "新建 Component" 命令，并输入文件名 footer。

这样就会在/pages/components/footer 中创建 footer.json、footer.wxml、footer.wxss、footer.js 4 个文件，即自定义组件 footer 的源代码文件。最终的文件目录如图 5-3 所示。

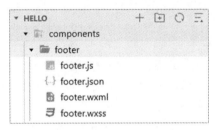

图 5-3　自定义组件 footer 的文件目录

三、编码实现自定义组件

1. JSON 文件

对于组件的 JSON 文件，首先要做的就是声明组件，如代码示例 5-1 所示。将 component 属性定义为 true，表示当前文件是组件。如果在当前组件中有其他自定义组件，那么需要在 usingComponents 中声明。

代码示例 5-1　footer.json 文件

```
{
  "component": true,
  "usingComponents": {}
}
```

2. WXML 文件和 WXSS 文件

组件中 WXML 文件和 WXSS 文件的使用与其在普通页面中的使用区别不大。WXML 文件和 WXSS 文件负责自定义组件的显示，如代码示例 5-2 所示。footer.wxml 文件中定义名称、时间和域名的显示，具体内容是用数据绑定功能绑定了的变量；在 footer.wxss 文件中定义字体、居中显示等。需要注意的是，footer.wxss 中的样式仅能在 foot.wxml 中使用。

代码示例 5-2　footer.wxml 和 footer.wxss 文件

```
<!--components/footer.wxml-->
<view class="footer" bind:tap="go2About">
  <view>
   <text class="footer__link">{{name}}</text>
  </view>
  <view class="footer__text">Copyright © {{years}} {{dimain}}</view>
</view>
/* components/footer.wxss */
.footer {
  text-align: center;
  font-size: 28rpx;
}
.footer__link {
  margin: 15rpx;
}
.footer__text {
  padding: 15rpx;
  font-size: 24rpx;
}
```

另外有些细节需要注意，对于自定义组件：在 WXSS 中不应使用 ID 选择器、属性选择器或标签名选择器；WXML 节点标签名只能是小写字母、中画线和下画线的组合，所以自定义组件的标签名也只能包含这些字符；自定义组件也是可以引用自定义组件的，引用方法类似于页面引用自定义组件的方法（使用 usingComponents 字段）；自定义组件和页面所在项目根目录名不能以"wx-"为前缀，否则会报错。

3. JS 文件

在自定义组件的 footer.js 文件中，开发者需要使用 Component()来注册组件，并提供组件的属性定义、内部数据和自定义方法。组件的属性值 properties 和内部数据 data 将被用于组件 wxml 的渲染。其中，属性值 properties 可以由 Component()以组件属性的形式传入。在代码示例 5-3 所示的 footer.js 文件中，组件构造器 Component 参数中的 properties 定义了该组件具有的属性，data 定义了构造器内部使用的初始数据，methods 定义了组件中使用的方法。properties 有 4 个属性，这 4 个属性即组件 footer 的属性，第一个属性 name 表示组织的名称，它的类型为字符串，默认值为"组织名称"；第二个属性 years 表示时间，默认值是 2008～2021；第三个属性 domain 表示域名，默认值为"example.com"；第四个属性 aboutPage 为介绍页面的路径，点击该 footer 就会跳转到介绍页面。另外，可以直接通过 this.data 引用来访问属性 properties 和 data 中的数据，如示例中的 go2About 方法所示。

代码示例 5-3　footer.js 文件

```javascript
// components/footer.js
Component({
  properties: {
    name: {
      type: String,
      value: '组织名称',
    },
    years: {
      type: String,
      value: '2008-2021',
    },
    domain: {
      type: String,
      value: 'example.com',
    },
    aboutPage: {
      type: String,
      value: '/pages/about/about',
    }
  },
  data: {
  },
  methods: {
    go2About: function(){
      wx.navigateTo({
        url: this.data.aboutPage,
      })
    }
  }
})
```

5.1.2　使用自定义组件

微课：使用自定义组件

自定义组件 footer 已经创建完成了，但是 footer 是组件而不是页面，因此不能像页面一样直接显示，且需要在页面中使用。footer 的使用也非常简单，与其他组件差别不大。

一、在页面 JSON 文件中声明使用自定义组件 footer

由于微信小程序没有对自定义组件进行内置，因此在使用时我们需要进行使用声明，即在自定义组件页面 JSON 文件的 usingComponents 中进行声明，如代码示例 5-4 所示。

代码示例 5-4　页面 JSON 文件

```json
{
  "usingComponents": {
    "footer": "../../components/footer/footer"
  }
}
```

二、在页面 WXML 文件中使用自定义组件 footer

在进行使用声明之后，就可以在页面 WXML 文件中像使用普通的内置组件一样使用自定义组件了，如代码示例 5-5 所示，其属性和 footer.js 中组件定义的 properties 属性一致，运行效果如图 5-4 所示，点击该 footer 将跳转到 index 页面。

代码示例 5-5　页面 WXML 文件

```html
<!-- WXML 文件 -->
<footer name="酷博编程"
  years="2018-2021"
  domain="codeboy.xyz"
  about-page="/pages/index/index">
</footer>
```

图 5-4　footer 组件的运行效果

5.2　扩展组件

微信官方除了提供完善的基础组件，还提供了很多自定义组件，它们被称为扩展组件。扩展组件是微信官方对小程序内置组件能力的补充，包括一些常见的功能组件，由微信官方团队进行维护，并一直处于持续补充中。扩展组件的主要功能是将业务中比较通用的场景演变为扩展组件，甚至进一步提升为普通组件。扩展组件在微信官方文档中很少介绍，只有简单的概要性描述，主要在 GitHub 上进行维护和分享。目前小程序扩展组件库中的组件主要有 video-swiper、recycle-view、sticky、tabs、row/col、vtabs、index-list、Barrage、select-text、wxml-to-canvas、miniprogram-file-uploader，本节将选取其中有代表性的 3 个来进行讲解。

5.2.1　扩展组件的使用

微课：扩展组件的使用

扩展组件属于第三方自定义组件，而第三方自定义组件在使用方式上与普通组件差异较大。在使用扩展组件之前，我们需要了解一下第三方自定义组件的使用。第三方自定义组件的使用方式有两种：一种是用 npm 管理自定义组件包，另一种是直接复制文件至小程序工程目录下。这里我们以后者为例，这种方式更加简单明了，不需要 npm 方面的知识。

例如，有时候我们需要在小程序中选中部分文字进行复制，比如地址信息等，对于普通的 text 组件，如果想复制其内容是非常不便的，而微信小程序第三方自定义组件 select-text 就解决了这个痛点。下面以拓展组件 select-text 为例了解第三方自定义组件的使用过程。

一、复制自定义组件的源文件

我们在微信小程序项目工程的根目录中新建一个目录（比如 components），并用来专门放置第三方自定义组件的源文件，此过程等价于自定义组件的编码过程，自定义组件可以自己逐行去写，也可以直接复制别人写好的源代码文件，在小程序看来是没有任何区别的。

1. 创建 components 目录

在小程序项目工程的根目录中创建 components 目录，如图 5-5 所示。目录名称是自定义的，也可以是其他的。该目录用于放置第三方自定义组件的源代码文件。

图 5-5　创建 components 目录

2. 复制 select-text 源文件至 components 目录

将 select-text 组件的源文件目录整个复制到 components 目录中，如图 5-6 所示。

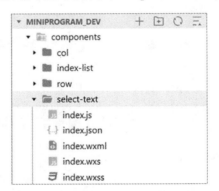

图 5-6　复制 select-text 源文件至 components 目录

二、在页面 JSON 文件中声明

如果要在 pageView 页面中使用 select-text 组件，则应先在 pageView 页面中进行使用声明。在代码示例 5-6 所示的 pageView.json 文件中，通过 usingComponents 属性来定义具体使用哪些第三方自定义组件。其中，mp-select-text 表示组件的名称，"../../components/select-text/index" 表示组件源代码文件路径。如果 pageView 页面需要使用多个第三方自定义组件，那么都需要使用 usingComponents 属性进行使用声明。

代码示例 5-6　pageView.json 文件

```json
{
  "usingComponents": {
    "mp-select-text": "../../components/select-text/index"
  }
}
```

三、在页面 WXML 文件中使用

根据 GitHub 上 select-text 的说明文档，select-text 的主要属性如表 5-1 所示。

表 5-1　select-text 的主要属性

属　　性	类　　型	默　认　值	说　　明
value	String		文本组件内容
space	String		显示连续空格
decode	boolean	false	是否解码
show-copy-btn	boolean	false	长按显示复制按钮
z-index	Number	99	复制按钮的层级
active-bg-color	String	#DEDEDE	长按复制时文本区的背景色
on-document-tap	Object	否	页面监听事件
placement	String	top	top、right、left、bottom

select-text 组件的使用方法与普通的组件没有差别，只是组件的名称必须是页面 JSON 文件 usingComponents 属性中声明的名称。在代码示例 5-7 所示的页面 WXML 文件中，mp-select-text 就是为 text-select 组件声明的组件名称。最终的运行效果如图 5-7 所示，长按 mp-select-text 组件的内容，会出现"复制"按钮。

代码示例 5-7　select-text 的使用

```wxml
<!-- WXML 文件 -->
<view>text-select 测试</view>
<mp-select-text show-copy-btn placement="right" value="自定义组件">
</mp-select-text>
```

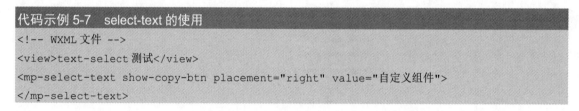

图 5-7　select-text 的运行效果

5.2.2　tabs

在用户界面中，当存在多个分类信息且内容较多时可以使用选项卡，点击不同的选项卡，内容会随着选项卡进行切换。扩展组件为选项卡提供了完美的支持，水平方向的叫作 tabs，垂直方向的叫作 vtabs，tabs 组件的主要属性如表 5-2 所示。

表 5-2　tabs 组件的主要属性

属　　性	类　　型	默　认　值	说　　明
tabs	Array	[]	数据项格式为{title : value}
tab-class	String		选项卡样式
swiper-class	String		内容区域 swiper 的样式
active-class	String		选中项样式
tab-underline-color	String	#07c160	选中项下画线的颜色
tab-active-text-color	String	#000000	选中项字体的颜色
tab-inactive-text-color	String	#000000	未选中项字体的颜色
tab-background-color	String	#ffffff	选项卡的背景颜色
active-tab	Number	0	激活 tab 索引
duration	Number	500	内容区域切换时长
bindtabclick	eventhandle		在点击 tab 时触发，e.detail={index}
bindchange	eventhandle		内容区域滚动导致 tab 变化时触发，e.detail={index}

　　tabs 的使用比普通组件稍复杂，如代码示例 5-8 所示。在使用 tabs 之前，需要在页面 JSON 文件中进行使用声明并命名为 mp-tabs，接着就可以在页面 WXML 文件中使用 mp-tabs 了。mp-tabs 组件的 tabs 属性表示选项卡数据，其值应为数组且数组项的格式需要包含 title : value 键–值对，表示每个选项卡的显示名称。activeTab 属性表示选项卡中当前活动项目的数组下标，需要动态跟随用户的点击而变化，故用数据绑定的变量 activeTab 来表示。另外，在 bindtabclick 属性绑定的方法 onTabClikc 中，需要即时修改变量 activeTab 的值。

　　需要特别注意的是，选项卡的内容 view 中的 slot（槽）属性，它表示当前 view 需要插入到 slot 值对应的 slot 中。在组件的源文件 WXML 中可以包含 slot 节点，用于承载组件使用者提供的 WXML 结构。在默认情况下，一个组件的 WXML 中只能有一个 slot。当需要使用多个 slot 时，可以在组件 JS 的 options 属性中通过 multipleSlots: true 声明启用。此时，可以在这个组件的 WXML 中使用多个 slot，以不同的 name 来区分。在使用时，可以用 slot 属性来将节点插入到不同的 slot 中。

代码示例 5-8　tabs 的使用

```
{
  "usingComponents": {
    "mp-tabs": "../../components/tabs/index"
  }
}
<!-- WXML 文件 -->
<mp-tabs
  tabs="{{tabs}}"
  activeTab="{{activeTab}}"
  bindtabclick="onTabClick"
>
<block wx:for="{{tabs}}" wx:key="title">
  <view slot="tab-content-{{index}}" > {{item.title}} </view>
</block>
```

```
</mp-tabs>
// JS 文件
Page({
  data: {
    tabs: [{
      title: '美食饮品'
    }, {
      title: '生活服务'
    }, {
      title: '休闲娱乐'
    }],
    activeTab: 0,
  },
  onTabClick(e) {
    this.setData({
      activeTab: e.detail.index
    })
  }
})
```

最终 tabs 的运行效果如图 5-8 所示。

图 5-8　tabs 的运行效果

5.2.3　row/col

微信客户端不仅有手机客户端，还有平板客户端。手机和平板这两种设备的界面是不一样的，这就需要实现响应式布局，即同一小程序在手机和平板上会自动根据设备适配布局。微信团队按照栅格化布局思路，加上响应式布局的特性，提供了 row/col 这个基础布局组件，用来帮助开发者快速适配多屏应用。布局组件的核心概念是将整个屏幕宽度分为 24 个单位，每个单位的大小都由当前屏幕的尺寸决定。例如，375px 的屏幕宽度，那么 1 unit＝375/24px。row 表示一行，比较简单没有任何的属性；col 表示一列，col 的主要属性如表 5-3 所示。

表 5-3　col 组件的主要属性

属　性	类　型	默 认 值	说　明
span	number	24	当前 col 所占屏幕宽度的单位数
offset	number	0	距 row 左侧偏移 margin 距离
push	number	0	距左侧偏移的单位距离
pull	number	0	距右侧偏移的单位距离

属　　性	类　　型	默 认 值	说　　明
xs	number|Object<span,offset>		当屏幕宽度小于 768px 时，对应显示的网格规则。例如 xs="{{2}}"或 xs="{{ {{span:24, offset: 0}} }}"
sm	number|Object<span,offset>		当屏幕宽度大于或等于 768px，小于 992px 时，对应显示的网格规则
md	number|Object<span,offset>		当屏幕宽度大于或等于 992px，小于 1200px 时，对应显示的网格规则
lg	number|Object<span,offset>		当屏幕宽度大于或等于 1200px，小于 1920px 时，对应显示的网格规则
xl	number|Object<span,offset>		当屏幕宽度大于或等于 1920px 时，对应显示的网格规则

在代码示例 5-9 中，通过使用扩展组件 row/col 实现了在 iPhone6/7/8 和 iPad 上的响应式布局效果，如图 5-9、图 5-10 所示。在代码示例 5-9 中，因为要使用的扩展组件 row/col，而它们属性自定义组件，所以需要先在 JSON 配置文件中声明使用，将 row 命名为 mp-row，col 命名为 mp-col。在页面 WXML 文件中，有两个 mp-row 组件，表示两个行元素。在第一个 mp-row 中，有两个完全相同的列元素 mp-col，宽度采用固定的写法 span，且都为 12 个单位，即宽度各占整行的一半。在第二个 mp-row 中，也有两个完全相同的列元素 mp-col，它们没有使用 span 属性，而是使用 md 和 xs 属性，当设备是小屏幕的时候（xs=24）起作用，一个 mp-col 占据一整行，运行效果如图 5-9 所示；当设备是大屏幕的时候（md=12）起作用，一个 mp-col 占半行，运行效果如图 5-10 所示。

代码示例 5-9　row/col 的使用

```
{
  "usingComponents": {
    "mp-col": "../../components/col/index",
    "mp-row": "../../components/row/index"
  }
}
<!-- WXML 文件 -->
<mp-row>
  <mp-col span="12">
    <view class="col"></view>
  </mp-col>
  <mp-col span="12">
    <view class="col"></view>
  </mp-col>
</mp-row>
<mp-row>
  <mp-col md="12" xs="24">
    <view class="col"></view>
  </mp-col>
  <mp-col md="12" xs="24">
    <view class="col"></view>
```

```
  </mp-col>
</mp-row>
/* WXSS 文件 */
.col {
  height:50px;
  margin: 5px 10px;
  background-color: #f2f2f2;
  border: 1px solid #555050;
}
```

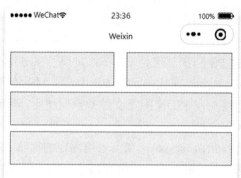

图 5-9　iPhone6/7/8(375px*667px|Dpr:2)的运行效果

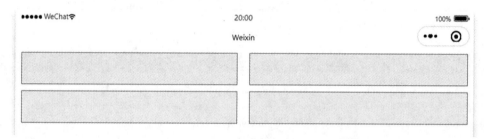

图 5-10　iPad(768px*1024px|Dpr:2)的运行效果

5.2.4　index-list

index-list 是索引列表组件，可以实现类似通讯录的效果，其属性如表 5-4 所示。

表 5-4　index-list 的属性

属　　性	类　　型	默 认 值	说　　明
list	Array	[]	列表数据
vibrated	boolean	true	索引上滑动时是否产生振动，仅 iOS 生效
bindchoose	eventhandle		选择列表项，e.detail={name}

其中，list 数组项是 JSON Object，并且要有 alpha 和 subItems 属性，alpha 表示给列表分类的索引，subItems 表示该索引对应的数据。具体格式要求如下。

```
{
  alpha: 'C',
  subItems: []
}
```

其中的 subItems 数组项也是 JSON Object，需要有属性 name，表示具体项目的名称，我们也可以添加其他数据项。具体格式要求如下。

```
{
  name:''
}
```

下面通过一个案例来了解 index-list 的使用，如代码示例 5-10 所示。首先，在页面的 JSON 配置文件中声明对扩展组件 index-list 的使用，别名为 mp-indexList；然后，在页面 WXML 文件中使用 mp-indexList，通过 list 属性赋予数据。list 属性数据绑定的变量也是 list，它是页面 JS 文件 data 属性中定义的数组，具体内容为根据姓氏分类的姓名列表；最后，通过 bind:choose 属性绑定选定事件的处理函数为 choose，choose 函数在页面 JS 文件中有定义，主要工作是打印选择项目的 name。最终运行效果如图 5-11 所示。

代码示例 5-10　index-list 的使用

```
{
  "usingComponents": {
    "mp-indexList": "../../components/index-list/index"
  }
}
<!-- WXML 文件 -->
<mp-indexList list="{{list}}" bind:choose="onChoose">
    <view style="font-size: larger;">我的好友</view>
</mp-indexList>
//JS 文件
Page({
  data: {
    list: [{
      alpha: 'C',
      subItems: [{name:'陈维'}, {name:'程良'},{name:'池国秀'}]
    }, {
      alpha: 'H',
      subItems: [{name:'郝铭'}, {name:'何晓'}]
    }, {
      alpha: 'Z',
      subItems: [{name:'曾全'}, {name:'郑蕾'}, {name:'张一鸣'}]
    }],
  },
  onChoose: function(e){
    console.log(e.detail.item.name)
  }
})
```

图 5-11　index-list 的运行效果

5.3　WeUI 组件库

WeUI 是一套同微信原生视觉体验一致的基础样式库，由微信团队为微信内网页和微信小程序量身设计，可以让用户的使用感知更加统一，包含 button、cell、dialog、progress、toast、article、actionsheet、icon 等元素，其官方网站有 WeUI 的演示。WeUI 最早因为微信公众号网页的开发而兴起，早期 WeUI 是 H5 的纯 UI 库。随着微信小程序的流行，微信小程序也有和微信 UI 风格统一的需求，这时微信团队开发了微信小程序版本的 WeUI。所以现在 WeUI 有两个版本，一个是 H5 网页版本的 WeUI，另一个是微信小程序版本的 WeUI，两者都在 GitHub 上进行开源维护，前者适用于在微信小程序中打开的 H5 网页，后者仅适用于微信小程序，两者视觉效果均与微信一致。本节将以微信小程序 WeUI 为例，在没有特别说明的情况下，后面所说的 WeUI 均指微信小程序版本的 WeUI。

微信团队基于 WeUI 样式库 weui-wxss 开发的小程序扩展组件库叫作 WeUI 组件库，是同微信原生视觉体验一致的 UI 组件库。

5.3.1　WeUI 简介

随着微信小程序的普及，微信团队也有很多在开发的内部小程序，每个内部的微信小程序都需要从 0 到 1 进行开发设计，而在这个过程中，有大量的 UI 交互是重复的，微信团队将 H5 版本的 WeUI 基础样式库纳入其中形成纯 UI 库（weui-wxss），同时纳入基于样式库 weui-wxss 开发的小程序扩展组件库来形成 WeUI 组件库。微信小程序版本的 WeUI 不仅提供基础的 UI 样式，还提供很多与 WeUI 整体风格一致的自定义组件，下面的讲解将围绕纯 WeUI 库和 WeUI 组件库展开。

WeUI 的官方学习资料比较丰富，源代码、说明文档、演示 demo 非常齐全。纯 WeUI 库演示小程序的二维码如图 5-12 所示，可以直接使用微信扫码体验。WeUI 逻辑封装库演示小程序的二维码如图 5-13 所示。

图 5-12　纯 WeUI 库演示小程序的二维码　　　　图 5-13　WeUI 逻辑封装库演示小程序的二维码

虽然没有把 WeUI 纳入官方平台作为基础 UI 和组件，但是 WeUI 依然由微信团队维护，代码和说明文档的质量都非常高，非常适合广大开发者学习使用。

5.3.2　WeUI 样式库

纯 WeUI 库其实非常简单，主要是 weui.wxss 文件，开发者需要学习和掌握从 GitHub 上下载文档、阅读文档、查阅 demo 源代码及使用的技能，只有掌握了计算机开源资料的学习方法，才能持续不断地学习最新的技术。下面以纯 WeUI 库为例来讲解开源资料的学习方法。

一、阅读 README.md

README.md 文档基本是所有计算机程序源代码的标配，特别是开源的程序。开发者通常会在 README.md 文档中对使用方法等重要的事项做说明。

二、下载源代码

纯 WeUI 库被命名为"WeUI for 小程序"，我们可以在不登录的情况下在其 GitHub 首页上直接下载源代码，如图 5-14 所示。先选择"Code"选项，再选择"Download ZIP"选项，就可以直接下载纯 WeUI 库的源代码了，源代码为 zip 格式的压缩文件。

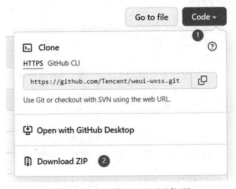

图 5-14　下载 WeUI 源代码

三、源代码目录

1．weui.wxss

在对下载的 WeUI 源代码文件解压缩之后，其目录结构如图 5-15 所示。根据 README.md

文档的说明，我们知道 WeUI 样式库有两个版本，一个是使用 px 单位的，它的资源路径为 dist/style/weui.wxss；另一个是使用 rpx 单位的，它的资源路径为 dist-rpx-mode/style/weui.wxss。

图 5-15　WeUI for 小程序源代码目录

我们想使用 WeUI 的样式库，就必须将 weui.wxss 引入到项目中。具体操作如下。

（1）复制 weui.wxss 文件到项目的工程目录中，复制后的路径可以为/style/weui.wxss。

（2）在 app.wxss 文件中引用 weui.wxss 文件，引用语句为 "@import "./style/weui.wxss";"。这样 WeUI 就属于全局样式了，可以在任何页面中使用。

2. 示例 demo

源代码不仅提供了 weui.wxss，还提供了微信小程序示例 demo。图 5-15 所示的 dist 是 px 单位版本的微信小程序示例 demo，dist-rpx-mode 是 rpx 单位版本的微信小程序示例 demo。

3. 导入示例 demo

以 rpx 单位版本为例，我们可以先导入示例 demo，再查看相应的示例源代码，并快速找到自己需要的样式或组件。先将 dist-rpx-mode 目录复制到合适的位置，再使用微信开发者工具导入，依次选择"项目"→"导入项目"→"选择复制后目录"选项，就会出现图 5-16 所示的"创建小程序"窗口。对于项目名称，我们可以根据偏好来修改；对于 AppID，需要修改成自己的 AppID，后端服务会随着我们的 AppID 来自动选择是否开启云服务。

图 5-16　导入 rpx 单位版本的示例 demo

4. 查阅源代码

假如我们现在要写一个"注册"页面，想参考下 WeUI，这时我们可以浏览相关的页面。在项目导入并成功运行后，首页如图 5-17 所示，可以依次选择"表单"→"form"→"表单结构"选项，进入图 5-18 所示的表单页面，这就是我们需要的参考页面。

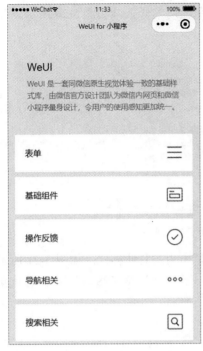

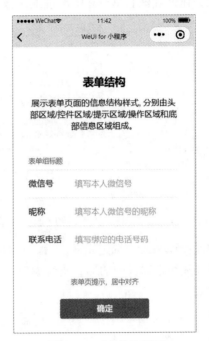

图 5-17 WeUI for 小程序首页   图 5-18 "表单"页面

在找到合适的页面之后，我们还需要找到该页面的源代码。表单的英文是 form，尝试找到名称中包含 form 的文件并结合页面的内容，结果 form_page.wxml 符合我们要求，那么它就是我们需要的源代码文件。

5. 参考代码

假如我们想实现表单整齐的效果，查看源代码可知相应的样式为 weui-cells、weui-cells_form、weui-cell__hd、weui-label、weui-input、weui-input__placeholder 等。在已经引入 weui.wxss 的情况下，我们可以在自己编写的代码中使用这些样式。

6. 使用调试器查看样式

由于是开源代码，因此除了查阅源代码，还可以直接运行工程，在调试器中查看相应的样式，操作如下。

（1）打开调试器，使用选择工具在模拟器中选择想了解的元素，如图 5-19 所示。

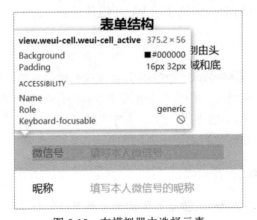

图 5-19 在模拟器中选择元素

（2）在调试器的 Wxml 中准确地选择元素并了解所使用的样式，如图 5-20 所示。

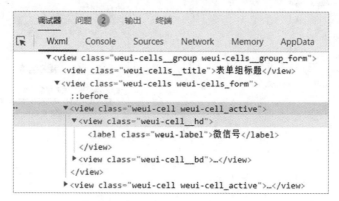

图 5-20　在调试器 Wxml 中选择元素

（3）在 Wxml 中选定元素之后，右边会出现该元素所用的具体样式，如图 5-21 所示。同时开发者还可以对其中的样式进行编辑，即时生效，但不会写入 WXSS 文件中，若重新编译则会失效。

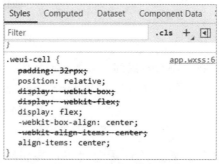

图 5-21　元素所用的样式

至此我们就初步掌握了微信小程序开源代码的学习方法了。

5.3.3　WeUI 组件快速上手

微课：WeUI 组件快速上手

WeUI 组件库是以 WeUI 样式库为基础样式的自定义组件库，所以在掌握了自定义组件和 WeUI 样式库的使用之后就可以快速地使用 WeUI 组件了。

一、引入组件

与普通的自定义组件不同，WeUI 组件的引入方式有两种，除了使用文件引入，还支持基于 useExtendedLib 的扩展库引入。使用文件引入的方式操作简单，但是引入的文件会计入代码包。使用 useExtendedLib 的扩展库引入文件的方式则不会计入代码包，但是操作繁琐且需要 npm 的知识。本节将讲解如何使用文件引入的方式。

二、使用 WeUI 组件

下面以 WeUI 基础组件 badge（徽章）为例来了解 WeUI 组件的使用过程。

1．引入 weui.wxss

此过程即引入 WeUI 纯样式库的过程。由于 WeUI 版本在持续迭代更新，因此在此过程中需要注意 WeUI 的版本问题，即我们要使用 WeUI 组件所依赖的正确版本，如果版本不匹配则可能会遇到很多未知的问题。在选择正确的 WeUI 版本之后，具体的操作如下。

（1）复制 weui.wxss 文件至自己的工程目录中，比如复制后的路径为/style/weui.wxss。

（2）在 app.wxss 文件中引用 weui.wxss 文件，引用语句为 "@import "./style/weui.wxss";"。这样 WeUI 就属于全局样式了，即可以在任何页面中使用 WeUI。

2．配置页面 JSON 文件

与普通的自定义组件一样，在使用 WeUI 组件之前需要在页面 JSON 文件中声明对 WeUI 组件的使用。在代码示例 5-11 所示的页面 JSON 文件中声明了对 badge 的使用，别名为 mp-badge，其后为自定义组件源代码路径。为了节省篇幅，在后面的讲解中将不再重复讲解自定义组件源代码的引入。

代码示例 5-11　声明对 badge 组件的使用

```json
{
  "usingComponents": {
    "mp-badge": "/weui/components/badge/badge"
  }
}
```

3．在页面 WXML 文件中使用

在使用组件之前应当查阅说明文档和示例代码，了解组件的属性和使用方法。通过阅读文档可以得知，badge 组件有 ext-class 和 content 两个属性。其中，ext-class 表示自定义样式覆盖组件默认的样式，content 表示 badge 中显示的内容。badge 的具体使用如代码示例 5-12 所示，使用 content 属性设置 badge 的内容为数字 8，运行效果如图 5-22 所示。

代码示例 5-12　badge 的使用

```
<!-- WXML 文件 -->
<view style="display: inline-block">未读消息</view>
<mp-badge content="8" style="margin-left: 10rpx;" />
```

图 5-22　badge 的运行效果

三、修改组件内部样式

WeUI 组件库中的所有组件都可以设置 ext-class 这个属性，该属性提供设置在组件 WXML 顶部元素的 class，组件的 addGlobalClass 的 options 都设置为 true，所以可以在页面中设置 wxss 样式来覆盖组件的内部样式。需要注意的是，如果要覆盖组件内部的样式，则 wxss 样式选择器的优先级必须比组件内部样式优先级高，比如使用!important 标识。在代码示例 5-13 所示的 WXML 文件中，给 badge 组件增加属性 ext-class（也可以写为 extClass，所有 WeUI 组件库中

的组件均有该属性），其值为 blue。blue 为页面 WXSS 文件中定义的样式，而且 blue 使用了!important 标识来提高优先级，最终运行效果如图 5-23 所示。

代码示例 5-13　badge 使用 ext-class 属性

```
<!-- WXML 文件 -->
<view style="display: inline-block;">未读消息</view>
<mp-badge content="8" style="margin-left: 10rpx;" ext-class="blue" />
/* WXSS 文件 */
.blue {
  background-color: blue !important;
}
```

图 5-23　badge 使用 ext-class 属性的运行效果

四、适配 DarkMode

DarkMode 是 iOS 13 中全新的界面风格，官方翻译为深色外观。为了优化用户体验，微信与苹果达成合作，在微信 7.0.12 版本中对 DarkMode 进行了适配。在微信具备 DarkMode 之后，微信小程序也需要进行适配。使 WeUI 组件适配 DarkMode 的操作非常简单，在根结点（或组件的外层结点）上增加属性 data-weui-theme="dark"，即可把 WeUI 组件切换到 DarkMode。

5.3.4　基础组件

WeUI 组件库中的基础组件有 badge、gallery、loading 和 icon。在"5.3.3　WeUI 组件快速上手"中，我们已经了解了 badge 的使用，这里选择 icon 和 loading 为代表来了解 WeUI 组件库中的基础组件。

一、icon

微信小程序内置组件中的 icon 组件类型只有 9 种，能表达的图标非常有限。因此，WeUI 组件库中也增加了 icon 组件，其类型多达 81 种，极其丰富，详细内容可以查看微信官方文档。icon 的属性如表 5-5 所示。

表 5-5　icon 的属性

属　　性	类　　型	默 认 值	说　　明
extClass	string		组件类名
type	string	outline	icon 的类型，可选值有 outline（描边）、field（填充）
icon	string		icon 的名称
size	number	20	icon 的大小，单位为 px
color	string	black	icon 的颜色，默认为黑色

icon 的使用方法比较简单，在页面 JSON 文件中引入 Icon 组件之后，通常和其他内容配合使用以实现特定的视图效果。在代码示例 5-14 中，通过 icon 属性指定图标，size 指定图标大小，运行效果如图 5-24 所示。

代码示例 5-14 icon 的使用

```
<!-- WXML 文件 -->
<mp-icon icon="discover"></mp-icon>
<mp-icon icon="add" size="30"></mp-icon>
```

图 5-24 icon 的运行效果

二、loading

loading 是常用的在加载数据时让用户等待的组件，在 wx.request 等异步操作中的使用非常多。通常在异步操作之前开启 loading 的显示，并在异步操作完成的回调中隐藏 loading，使用的要点就是动态控制 loading 的显示，其主要属性如表 5-6 所示。

表 5-6 loading 的主要属性

属 性	类 型	默 认 值	说 明
extClass	string		组件类名
show	boolean	true	loading 是否显示
animated	boolean	false	loading 显示/消失动画
duration	number	350	过渡动画时间
type	string	dot-gray	loading 的类型，可选值有 dot-white、dot-gray、circle
tips	string	加载中	当 type 为 circle 时生效，loading 辅助文字

在代码示例 5-15 所示的页面 WXML 文件中有两个 loading，其中，第一个 loading 的 type 为 circle（圆圈），提示信息 tips 为"请稍后"；第二个 loading 的 type 为 dot-gray（灰色的点），并且定义 show 属性，show 属性的值为数据绑定变量 showing。除了 loading，页面中还有一个按钮，该按钮绑定的事件处理函数的主要工作为切换变量 showing 的值，从而动态地控制第二个 loading 的显示/隐藏。最终运行效果如图 5-25 所示。

代码示例 5-15 Loading 的使用

```
<!-- WXML 文件 -->
<mp-loading type="circle" tips="请稍后"></mp-loading>
<mp-loading type="dot-gray" show="{{showing}}"></mp-loading>
<button type="primary" style="margin-top: 20rpx;" bind:tap="toggleShowing">切换状态
</button>
// JS 文件
Page({
```

```
data: {
  showing: true
},
toggleShowing: function () {
  if (this.data.showing) {
    this.setData({
      showing: false
    })
  } else {
    this.setData({
      showing: true
    })
  }
}
})
```

图 5-25 loading 的运行效果

5.3.5 表单组件

WeUI 组件库中的表单组件有 form、from-page、cell、cells、checkbox-group、checkbox、slideview 和 uploader。与内置表单组件相比，它们在界面上更加美观，并且在功能上更加强大，比如 form 引入了表单校验功能等。我们选择其中有代表性的 cells、cell 和 form 来进行了解。

一、cells 与 cell

1. cells

cells 是列表分组，常用于嵌套一组 cell 或者 checkbox。需要注意的是，checkbox-group 和 cell 组件都必须放在 cells 组件下面。cells 的属性如表 5-7 所示，主要通过 title 和 footer 属性定义 cells 的标题和底部。

表 5-7 cells 的属性

属　　性	类　　型	默 认 值	必　　填	说　　明
ext-class	string		否	添加在组件内部结构中的 class，可用于修改组件内部的样式
title	string		否	cells 的标题
footer	string		否	cells 底部的文字

cells 的运行效果如图 5-26 所示，包含顶部标题和底部的 footer，主体部分由多个 cell 组成。

图 5-26　cells 的运行效果

2．cell

cell 是列表或者表单的一项，常用于设置页的展示（点击可跳转）。在表单中，cell 为表单的每一个要填写的项。cell 中可以放置图片组件、表单组件等，且必须放在 cells 组件的下面。cell 的主要属性如表 5-8 所示。

表 5-8　cell 的主要属性

属　　性	类　　型	默　认　值	说　　明
ext-class	string		添加在组件内部结构中的 class，可用于修改组件内部的样式
icon	string		cell 最左侧的 icon，是本地图片的路径，icon 和名为 icon 的 slot 互斥
title	string		cell 最左侧的标题，一般用在 form 表单组件中，icon 和 title 二选一，title 和名为 title 的 slot 互斥
hover	boolean	false	是否有 hover 效果
link	boolean	false	右侧是有跳转的箭头（v1.0 后的版本），link: true 自带 hover 效果
value	string		cell 的值，和默认的 slot 互斥
show-error	boolean	false	用在 form 表单组件中，表示在表单校验出错时是否把 cell 标为 warn 状态
prop	string		用在 form 表单组件中，表示需要校验的表单的字段名
footer	string		cell 右侧区域的内容，和名为 footer 的 slot 互斥
inline	boolean		用在 form 表单组件中，表示表单项是左右显示还是上下显示

3．cells 与 cell 组件的使用

cells 和 cell 通常组合使用。在 cells 中放置多个 cell，既可以用于页面的索引，又可以用于表单的输入。在代码示例 5-16 中，通过对 cells 和 cell 的组合使用实现了图 5-27 所示的表单效果。在页面 WXML 文件中有一个列表分组 cells，给 title 赋值"注册信息"以表示标题信息，给 footer 赋值"信息仅用于注册"以表示结束提示信息。在列表分组中有两个列表项 cell，第一个列表项为 input，用于输入姓名；第二个列表项为 radio-group，用于输入性别。不难发现，使用 cells 和 cell 可以快速构建出理想的页面效果。

代码示例 5-16　cells 和 cell 的使用

```
<!-- WXML 文件 -->
<mp-cells title="注册信息" footer="信息仅用于注册">
  <mp-cell title="姓名：">
    <input class="weui-input" placeholder="请输入姓名" />
  </mp-cell>
```

```
<mp-cell title="性别：">
  <radio-group>
    <radio>男</radio>
    <radio>女</radio>
  </radio-group>
</mp-cell>
</mp-cells>
```

图 5-27　cells 与 cell 组合使用实现的表单效果

二、form

form 为表单组件，与普通的内置组件 form 类似，可以放置其他表单组件；与普通内置组件 form 不同的是，WeUI 中的 form 组件可以结合 cell、checkbox-group、checkbox 等组件来实现复杂的表单校验功能。WeUI 中 form 组件的主要属性如表 5-9 所示。

表 5-9　form 的主要属性

属　　性	类　　型	说　　明
ext-class	string	添加在组件内部结构中的 class，可用于修改组件内部的样式
rules	object<array>	表单校验的规则列表
models	object	需要校验的表单数据
bindsuccess	eventhandler	校验成功触发的事件，其参数的 detail 属性是{trigger}，trigger 的值为 change 或 validate。其中，change 表示输入改变触发的校验接口，validate 表示主动调用的 validate 接口
bindfail	eventhandler	校验失败触发的事件，其参数的 detail 属性是{trigger, errors}，trigger 的值是 change 或 validate。其中，change 表示输入改变触发的校验接口，validate 表示主动调用的 validate 接口，errors 是错误的字段列表

在 form 的主要属性中，需要特别注意的是 models 属性，models 中存放的是以各表单字段名称为 key 的 JSON，其值需要开发者维护。

另外，rules 是表单校验的规则列表，列表的每一项都表示一个字段（与）的校验规则。需要注意的是，必须要在 cell 或 checkbox-group 组件中声明 prop 属性，表单校验规则才能生效。表单校验规则 rules 的主要属性如表 5-10 所示。

表 5-10　表单校验规则 rules 的主要属性

属　　性	类　　型	说　　明
name	string	校验的字段名
rules	array/object	校验的规则，如果有多项，则是数组
rules.message	string	校验失败时提示的文字
rules.validator	function	自定义校验函数，接受 rule、value、param、models 4 个参数。其中，rule 的格式为{name: '字段名', message: '失败信息'}，value 是字段值，param 是校验参数，models 是 form 组件的 models 属性。若函数返回错误提示，则表示校验失败，错误提示会通过回调返回给开发者
rules.[rule]	string	rule 是变量，表示内置的校验规则名称，比如 required，其校验规则对象为{name: "fieldName", rules: {required: true}}

表单校验规则 rules 是表单全体输入字段的校验规则的集合，对于每个具体的字段，又可以有多个具体的校验规则 rule，其主要属性如表 5-11 所示。

表 5-11　输入字段的具体校验规则 rule 的主要属性

规　则　名	参　　数	说　　明
required		是否必填
minlength	number	最小长度
maxlength	number	最大长度
rangelength	[number, number]	长度范围，参数为[最小长度,最大长度]
bytelength	number	字节长度
range	[number, number]	数字的大小范围
min	number	最小值限制
max	number	最大值限制
mobile		手机号码校验
email		电子邮件校验
url		URL 链接地址校验
equalTo	string	相等校验，参数是另外一个字段名

下面通过一个完整的例子来讲解 form 校验功能的使用，在表单内容发生变化的同时更新 models 的数据以达到实时校验的效果，如代码示例 5-17 所示。首先，在 WXML 文件的 form 组件中定义 models 和 rules 属性。其中，models 属性绑定了变量 formData，formData 属性在 JS 文件的 inputChange 方法中被更新维护，而 inputChange 方法被表单中的 input 组件绑定为 input 事件的响应函数，最终效果是只要表单发生输入，那么输入的值会被马上更新到 formData 中。其中，rules 属性的值为数组，数组共有两项 JSON。第一个 name 属性为 mobile，对应表单的 mobile 字段，代表电话号码输入 input，该字段共有两个具体的 rule，分别是"required: true"和"mobile: true"，前者表示必须填，后者表示格式为 mobile（移动电话）。第二个 name 属性为 idcard，对应表单的 idcard 字段，代表身份证号码输入 input，该字段绑定了一个自定义的校验函数，函数中验证了身份证号码的长度。然后，在提交按钮绑定的 submit 方法中取得表单对象并调用其 validate 方法，如果校验不通过则将通过 toast 显示处理错误信息。最终运行效果如图 5-28 所示，没有通过校验的输入将呈现红色的错误提示。

代码示例 5-17　form 的校验功能

```
<!-- WXML 文件 -->
<mp-form id="form" models="{{formData}}" rules="{{rules}}">
  <mp-cells title="注册" footer="信息仅用于注册">
    <mp-cell show-error prop="mobile" title="手机号:">
      <input bindinput="inputChange" data-field="mobile" class="weui-input"
placeholder="请输入手机号" />
    </mp-cell>
    <mp-cell show-error prop="idcard" title="身份证号：">
      <input bindinput="inputChange" data-field="idcard" class="weui-input"
placeholder="请输入身份证号" />
    </mp-cell>
  </mp-cells>
  <button style="margin-top: 30rpx;" type="primary" bindtap="submit">确定</button>
</mp-form>
// JS 文件
Page({
  data: {
    rules: [{
      name: 'mobile',
      rules: [{
        required: true,
        message: 'mobile 必填'
      }, {
        mobile: true,
        message: 'mobile 格式不对'
      }],
    }, {
      name: 'idcard',
      rules: {
        validator: function (rule, value, param, modeels) {
          if (!value || value.length !== 18) {
            return 'idcard 格式不正确'
          }
        }
      },
    }],
    formData: {},
  },
  inputChange: function (e) {
    const {
      field
    } = e.currentTarget.dataset
    this.setData({
      [`formData.${field}`]: e.detail.value
```

```
    })
  },
  submit: function () {
    this.selectComponent('#form').validate((valid, errors) => {
      if (!valid) {
        wx.showToast({
          icon: "error",
          title: errors[0].message
        })
      } else {
        wx.showToast({
          title: '校验通过'
        })
      }
    })
  }
})
```

图 5-28　form 实现表单校验的运行效果

5.3.6　操作反馈

WeUI 组件库中的操作反馈组件有 dialog、msg、toptips、half-screen-dialog 和 actionSheet，它们的共同特点是询问用户或向用户反馈结果。我们选择 dialog 和 toptips 为代表来进行了解。

一、dialog

对话框是非常常见的 UI 组件，但是微信小程序的内置组件中并没有该组件，幸运的是，WeUI 组件库提供了对话框组件 dialog。dialog 组件的主要属性如表 5-12 所示。

表 5-12　dialog 组件的主要属性

属　　性	类　　型	默　认　值	说　　明
ext-class	string		添加在组件内部结构中的 class，可用于修改组件内部的样式
title	string		弹窗的标题

属　　性	类　　型	默　认　值	说　　明
buttons	array<object>	[]	底部按钮组，一般最多提供两个按钮
mask	boolean		是否显示蒙层，即是否模态
mask-closable	boolean		点击蒙层是否可以关闭
show	boolean	false	是否显示弹窗
bindclose	eventhandler		在弹窗关闭时触发的事件
bindbuttontap	eventhandler		在点击 buttons 时触发的事件，detail 为{index, item}，item 是按钮的配置项

buttons 属性表示对话框下面的按钮，其值为数组，既可以为空数组，又可以定义多个按钮，但是在使用习惯上建议最多配置两个按钮。具体的按钮可以配置两个属性，分别是 ext-class 和 text，前者表示自定义样式，后者表示按钮文字。

在代码示例 5-18 所示的页面 WXML 文件中定义一个 button 和一个 dialog，dialog 默认不显示。在点击按钮时会将数据绑定变量 dialogShow 的值修改为 true，而 dialogShow 变量则被 dialog 作为 show 的值使用，这样点击按钮就可以让 dialog 显示出来。另外，在 dialog 中定义两个按钮，点击它们中的任何一个都会触发 dialog 通过 bind:buttontap 属性绑定的 tapDialogButton 方法，该方法通过 e.detail.index 来判断被点击按钮的序号，这样开发者就可以根据序号来定义确定按钮以实现更复杂的业务。dialog 的运行效果如图 5-29 所示。

代码示例 5-18　dialog 组件的使用

```
<!-- WXML 文件 -->
<button class="weui-btn" type="default" bind:tap="comfirm">确认</button>
<mp-dialog title="确定删除？" show="{{dialogShow}}" bind:buttontap="tapDialogButton"
buttons="{{buttons}}">
  <view>删除后将不能恢复</view>
</mp-dialog>
// JS 文件
Page({
  data: {
    dialogShow: false,
    buttons: [{
      text: '取消'
    }, {
      text: '确定'
    }],
  },
  comfirm: function () {
    this.setData({
      dialogShow: true
    })
  },
  tapDialogButton(e) {
    this.setData({
```

```
    dialogShow: false,
    showOneButtonDialog: false
  })
  if(e.detail.index==0){
    console.log("点击了取消");
  }else{
    console.log("点击了确定");
  }
 }
})
```

图 5-29　dialog 的运行效果

二、toptips

toptips 顾名思义就是顶部的提示信息，它是顶部信息提示组件，常用于表单校验信息提示或网络请求交互结果的信息提示。toptips 组件的属性如表 5-13 所示。

表 5-13　toptips 组件的属性

属　　性	类　　型	默　认　值	说　　　明
ext-class	string		添加在组件内部结构中的 class，可用于修改组件内部的样式
type	string		提示类型，可以为 info、error、success，表示 3 种提示颜色
show	boolean	false	是否显示 toptips
msg	string		提示内容
delay	number	2000	在提示内容显示之后隐藏的 ms 值
bindhide	eventhandler		在隐藏顶部提示时触发的事件

在代码示例 5-19 所示的页面 WXML 文件中有一个 toptips 组件和一个 button 组件，点击该 button 组件会显示 toptips，运行效果如图 5-30 所示。在 toptips 组件的定义中，通过 show 属性设置默认隐藏，通过 type 属性定义类型为 error，通过 delay 属性设置在显示 3 秒后隐藏。button 按钮绑定的点击事件处理函数为 submit，submit 函数将 toptips 的 show 属性设置为 true，并且将 toptips 的 msg 属性设置为“输入有误”，来模拟在用户提交表单时动态控制 toptips 的显示和内容。

代码示例 5-19　toptips 组件的使用

```
<!-- WXML 文件 -->
<mp-toptips msg="{{error}}" type="error" show="{{show}}" delay="3000">
</mp-toptips>
<button type="primary" style="margin-top: 150rpx;" bind:tap="submit">提交
```

```
</button>
// JS 文件
Page({
  data: {
    error: '',
    show: false
  },
  submit: function(){
    this.setData({
      show: true,
      error: '输入有误'
    });
  }
})
```

图 5-30　toptips 的运行效果

5.3.7　导航组件

导航是前端中常用的功能，正确地使用导航不仅能让页面路由更加合理，而且能让界面更加美观。WeUI 组件库中的导航组件有 navigation 和 tabbar，其中，navigation 是小程序的顶部导航组件，在将 navigationStyle 设置为 custom 时，可以使用此组件替代原生导航栏。与内置 tabbar 相比，WeUI 中的 tabbar 组件可以支持 badge 提示，比如圆点提示、数字提示。

在代码示例 5-20 所示的页面 WXML 文件中有一个 WeUI 组件 tabbar，通过 style 属性声明样式，让该 tabbar 位于手机屏幕的最底部；通过 list 属性定义 tabbar 的项目数据为变量 list；通过 bind:change 属性绑定 tabbar 切换事件处理函数为 tabChange，该函数直接打印了 change 事件对象。在 list 变量中定义 3 个选项，其中，第二个选项定义 badge 为数字 8，表示要显示数字 8；第三个选项定义 dot 为 true，表示要显示圆点。最终运行效果如图 5-31 所示，在点击切换 tabbar 的不同选项时，调试器 Console 打印内容如图 5-32 所示。我们可以看到 change 事件对象中 detail 属性包含了当前点击的选项信息，程序可以通过 detail 属性来判断用户点击的是哪个选项，从而切换相应的页面。

代码示例 5-20　WeUI 组件库 tabbar 的使用

```
<!-- WXML 文件 -->
<mp-tabbar style="position:fixed;bottom:0;width:100%;left:0;right:0;"
list="{{list}}" bind:change="tabChange"></mp-tabbar>
```

```
// JS 文件
Page({
  data: {
    list: [{
        text: '首页',
        iconPath: "/images/tabbar/index.png",
        selectedIconPath: "/images/tabbar/index-slt.png"
      }, {
        text: '课程',
        iconPath: "/images/tabbar/course.png",
        selectedIconPath: "/images/tabbar/course-slt.png",
        badge: '8'
      }, {
        text: '我的',
        iconPath: "/images/tabbar/my.png",
        selectedIconPath: "/images/tabbar/my-slt.png",
        dot: true
      }
    ]
  },
  tabChange: function(e) {
    console.log(e)
  }
})
```

图 5-31　WeUI 组件 tabbar 的运行效果

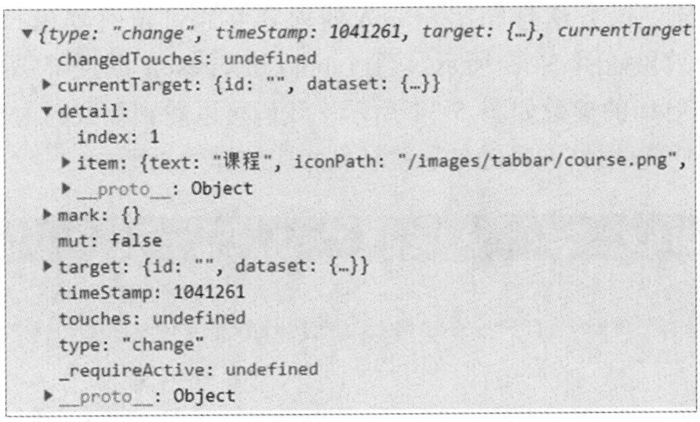

```
▼{type: "change", timeStamp: 1041261, target: {…}, currentTarget
    changedTouches: undefined
  ▶ currentTarget: {id: "", dataset: {…}}
  ▼detail:
      index: 1
    ▶ item: {text: "课程", iconPath: "/images/tabbar/course.png",
    ▶ __proto__: Object
  ▶ mark: {}
    mut: false
  ▶ target: {id: "", dataset: {…}}
    timeStamp: 1041261
    touches: undefined
    type: "change"
    _requireActive: undefined
  ▶ __proto__: Object
```

图 5-32　调试器 Console 打印内容

5.3.8　搜索组件

搜索是移动应用常用的功能，虽然微信小程序的内置组件没有提供搜索组件，但是 WeUI 组件库提供了 searchbar 组件以实现搜索功能，并以下拉列表的形式展示搜索的结果，用户选择相应的结果可以跳转到相应的详情页面。searchbar 组件的主要属性如表 5-14 所示。

表 5-14　searchbar 组件的主要属性

属　　性	类　　型	默 认 值	说　　明
ext-class	string		添加在组件内部结构中的 class，可用于修改组件内部的样式
focus	boolean	false	是否在组件开始创建时 focus 搜索输入框
placeholder	string	搜索	搜索输入框的 placeholder
value	string		搜索输入框的默认值
search	function		在输入过程中不断调用此函数以得到新的搜索结果，参数是输入框的值 value，返回 Promise 实例
throttle	number	500	调用 search 函数的间隔，单位 ms
cancelText	string	取消	取消按钮的文本
cancel	boolean	true	是否显示取消按钮
bindfocus	eventhandle		在输入框 focus 时触发事件
bindblur	eventhandle		在输入框 blur 时触发事件
bindclear	eventhandle		在点击 clear 按钮时触发事件
bindinput	eventhandle		在输入框的输入过程中触发事件
bindselectresult	eventhandle		在选择搜索结果时触发事件

其中最重要的属性有两个——search 和 bindselectresult。search 表示在绑定用户输入的过程中不断触发的搜索方法，该方法的参数为用户输入的内容，通常为发起异步网络请求并将结果以 Promise 的形式返回。bindselectresult 为在出现搜索结果并且用户选择了其中某个结果之后绑定的触发方法。

在代码示例 5-21 所示的页面 WXML 文件中有一个 searchbar。该 searchbar 通过属性 search 绑定搜索方法 search，该方法打印用户输入的内容并通过定时器模拟异步网络请求返回 Promise 结果，运行效果如图 5-33 所示。通过 bindselectresult 属性绑定用户选择结果的方法 selectResult，该方法打印的参数如图 5-34 所示。我们可以看到参数的内容为选择结果的详细信息，在实际开发中可以根据选择的信息跳转到相应的详情页面。

代码示例 5-21　searchbar 的使用

```
<!-- WXML 文件 -->
<mp-searchbar bindselectresult="selectResult" search="{{search}}"></mp-searchbar>
// JS 文件
Page({
  onLoad() {
    this.setData({
      search: this.search.bind(this)
    })
  },
```

```
search: function (value) {
  console.log(value);
  return new Promise((resolve, reject) => {
    setTimeout(() => {
      resolve([{
        text: '搜索结果1',
        value: 1
      }, {
        text: '搜索结果2',
        value: 2
      }])
    }, 200)
  })
},
selectResult: function (e) {
  console.log(e.detail)
},
})
```

图 5-33　searchbar 的运行效果

图 5-34　bindselectresult 绑定方法打印的参数

5.3.9　其他组件

因为性能问题，微信小程序并没有对所有的 WeUI 组件进行封装（如 flex 布局组件），而是以 UI 样式的形式进行封装，这样我们就可以直接使用 WeUI 中定义的样式了。

在代码示例 5-22 所示的页面 WXML 文件中定义了多个 view 组件，它们之间按照层级嵌套，使用 weui-flex 和 weui-flex__item 样式实现 flex 布局。在第一个 weui-flex 中仅有一个 weui-flex__item，而在第二个 weui-flex 中有 3 个 weui-flex__item，它们平均分配水平方向上的空间，最终运行效果如图 5-35 所示。

代码示例 5-22　flex 布局的使用

```
<!-- WXML 文件 -->
<view class="page">
  <view class="page__bd page__bd_spacing">
    <view class="weui-flex">
```

```
    <view class="weui-flex__item">
      <view class="placeholder">weui</view>
    </view>
  </view>
  <view class="weui-flex">
    <view class="weui-flex__item">
      <view class="placeholder">weui</view>
    </view>
    <view class="weui-flex__item">
      <view class="placeholder">weui</view>
    </view>
    <view class="weui-flex__item">
      <view class="placeholder">weui</view>
    </view>
  </view>
 </view>
</view>
```

图 5-35   flex 布局的运行效果

第 6 章

API

微信 App 作为微信小程序的宿主环境，为微信小程序提供了丰富的 API，使其可以很方便地使用微信提供的各种功能。在"4.5　导航组件"中，我们知道导航组件的所有跳转方式都可以通过相应的 API 来实现，并且效果完全一致，比如从当前页面跳转到另一个页面既可以使用 navigator 组件，又可以使用 wx.navigateTo 这个 API。这里的 wx 对象实际上是小程序的宿主环境所提供的全局对象，几乎所有小程序的 API 都挂载在 wx 对象下（除了 Page/App 等特殊的构造器），所以本文在谈到 API 概念时，通常指的是 wx 对象下的方法。

小程序提供的 API 按照功能主要分为以下几大类：基础、路由、跳转、转发、界面、网络、支付、数据缓存、数据分析、画布、媒体、位置、文件、开放接口、设备、AI、Workder、WXML、第三方平台和广告。API 一般调用的约定如下。

（1）wx.get*（*是通配符，代表任意字符串）开头的 API 是获取宿主环境数据的接口。

（2）wx.set*开头的 API 是写入数据到宿主环境中的接口。

（3）wx.on*开头的 API 是监听某个事件发生的接口，接收一个 callback 函数作为参数。当该事件被触发时，会调用 callback 函数。

若无特殊约定，则多数 API 接口为异步接口，都接收一个 Object 对象作为参数。虽然所有的 API 都只有一个参数，但是由于这个参数是 JSON Object 对象，所以这个对象可以具有很多属性。API 的 Object 参数通常至少由 success、fail、complete 三个回调来接收接口调用结果，API 接口回调配置说明如表 6-1 所示。

表 6-1　API 接口回调配置说明

参 数 名 字	类　　型	必　填	描　　　述
success	function	否	接口调用成功的回调函数
fail	function	否	接口调用失败的回调函数
complete	function	否	接口调用结束的回调函数（调用成功、失败都会执行）

需要注意的是，API 调用大多是异步的，所以有些代码只能放在回调函数中，而不能直接放在 API 调用的后面。

API 的数量非常多，而且随着微信 App 的迭代更新会持续新增 API，所以本书不会展开叙述每一个 API 的具体含义和使用，开发者只要了解在一般情况下调用 API 的通用规律和技巧，在具体使用时再通过查阅微信官方文档，并结合使用示例和参数细节来快速学习并使用某 API 即可。本章将通过各种应用场景来讲解主要 API 的用法。

6.1 重要概念

本章的主要内容是在 JavaScript 文件中进行编码的，因此需要一点 JavaScript 基础，但是无须单独学习 JavaScript 语言，因为 JavaScript 是类 C 风格的语言，所以只需要有 C 语言的基础，即可快速使用 JavaScript，但是需要掌握 JavaScript 语言中的一些重要概念，对这些概念的理解将直接影响我们对 API 的使用。

6.1.1 同步和异步

微课：同步和异步

在学习 API 之前，我们应该搞清楚同步和异步的概念，因为很多 API 有同步和异步的不同版本。

同步（Synchronous）是指当程序 A 调用程序 B 时，程序 A 停下不动，直到程序 B 完成并回到程序 A 中，程序 A 才继续执行下去。异步（Asynchronous）是指当程序 A 调用程序 B 时，程序 A 会马上继续自己的下一个动作，而不受程序 B 的影响。

举个例子，一家餐厅先后来了 5 位客人。同步的处理方式是：第一位客人，点了个红烧鱼，厨房的厨师去捉鱼、杀鱼、烧鱼，过了半小时，红烧鱼好了，端给给第一位客人，再接受下一位客人的点菜，5 位客人按顺序逐个被服务，上一位客人菜上好了才会接受下一位客人的点菜。异步的处理方式是：第一位客人，点了个红烧鱼，给他一个牌子，让他等待，接着服务下一位客人点菜，点了的菜就交给厨房的厨师们，哪个菜先做好就先上哪个菜。

同步的优点是按照顺序一个一个来，不会出现混乱，更不会出现上面的代码没有执行完就执行下面的代码的情况，便于开发者理解；缺点是解析的速度没有异步快。异步的优点是接收一个任务，直接给后台，马上接收下一个任务，先完成的先执行；缺点是没有确定的顺序，会出现上面的代码还没执行完成，下面的代码就已经执行结束的情况，初学者经常会在这里犯错误。

JavaScript 默认是同步的，只在遇到异步 API 调用时才会出现异步的情况。JavaScript 中最基础的异步就是 setTimeout 和 setInterval。参考代码示例 6-1，思考调试器 Console 的内容打印顺序。如果不清楚异步的概念，按照同步思维处理，则结果依次是 1、2、3，但是事实上结果如图 6-1 所示，依次为 1、3、2。原因就在于 setTimeout 方法是异步方法，也就是说，虽然 setTimeout 设置的等待时间为 0，但是其一经调用，就会继续执行后面的代码。如果按照 1、2、3 的顺序输出该怎么办呢？我们可以将 console.log("3")调整到 setTimeout 的参数方法体中。在实际开发中这种情况非常普遍。例如，网络请求 API，我们只有在网络请求成功获取数据之后才能使用数据，所以使用数据的代码必须放在网络请求 API 成功回调函数中。

代码示例 6-1　setTimeout 实现异步效果

```
// JS 文件
Page({
 onLoad: function (options) {
  console.log("1");
  setTimeout(function () {
   console.log("2")
```

```
  }, 0);
  console.log("3");
  }
})
```

图 6-1　打印内容

6.1.2　箭头函数

ES6 标准新增了一种新的函数：Arrow Function（箭头函数）。为什么叫 Arrow Function 呢？因为它的定义用的就是一个箭头。箭头函数相当于匿名函数，并且简化了函数定义，但是又和匿名函数有很大的区别。箭头函数有两种格式，一种是简单箭头函数，它的特点是方法体中只有一个表达式；另一种是复杂箭头函数，它的特点是方法体中有多条语句。

一、简单箭头函数

由于简单箭头函数的方法体中只有一个表达式，所以在语法上可以省略表示方法体语句块的{}，还可以省略 return 语句而直接返回表单式结果，则最终的简单箭头函数把{ … }和 return 都省略了。例如下面的简单箭头函数。

```
x => x*x
```

它相当于下面的普通函数。

```
function (x){
    return x*x;
}
```

二、复杂箭头函数

除了简单箭头函数，还有一种可以包含多条语句的复杂箭头函数，这时不能省略{ … }和 return。例如下面的复杂箭头函数。

```
x => {
    if (x > 0) {
        return x*x;
    } else {
        return -x*x;
    }
}
```

三、参数

箭头函数根据参数数量的不同，其参数列表的写法不同。

（1）一个参数，可以省略()，而直接使用参数，举例如下。

```
x => x*x
```

（2）两个参数，举例如下。

```
(x, y) => x * x + y * y
```

（3）可变参数，使用...来表示，举例如下。

```
(x, y, ...rest) => {
    var i, sum = x + y;
    for (i=0; i<rest.length; i++) {
        sum += rest[i];
    }
    return sum;
}
```

（4）当无参数时，必须使用()来表示参数列表以保证箭头函数语法结构的完整。

```
() => 3.14
```

四、this

箭头函数看上去像是匿名函数的一种缩写，但事实上箭头函数和匿名函数的区别非常大。箭头函数内部 this 关键词的作用域由上下文确定，即箭头函数没有形成闭包，这和匿名函数完全不同，如代码示例 6-2 所示。使用箭头函数可以简化代码，并避免 this 指向的变化。

代码示例 6-2　箭头函数的使用

```
var obj1 = {
    birth: 1990,
    getAge: function () {
        var b = this.birth; // 1990
        var fn = function () {
            // this 指向 window 或 undefined
            // 应在函数外使用 hack 写法: var that = this
            return new Date().getFullYear() - this.birth;
        };
        return fn();
    }
};
var obj2 = {
    birth: 1990,
    getAge: function () {
        var b = this.birth; // 1990
        // this 指向 obj 对象
        var fn = () => new Date().getFullYear() - this.birth;
```

```
        return fn();
    }
};
obj2.getAge(); // 25
```

如果不使用箭头函数，则需要使用 hack 手段进行处理，如 "4.3.3 progress" 中的代码示例 4-8，在没有使用箭头函数的情况下，只能通过 hack 手段来实现对函数外部上下文环境的访问。

6.2 基础

有这么一类 API，它主要是转换工具，用于获取系统信息，对小程序进行更新、调试，获取小程序性能等，我们把这一类 API 归纳为基础类 API。

6.2.1 系统

微课：系统

部分基础类 API 的运行通常依赖真实的硬件和系统，所以这类 API 是无法在模拟器中运行的，只能使用真机对其进行调试。我们选择其中的 wx.getDeviceInfo、wx.getSystemInfoSync 和 wx.getSystemInfoAsync、wx.getSystemSetting 来进行了解。

一、wx.getDeviceInfo

wx.getDeviceInfo 表示获取当前设备的信息，为同步方法，该 API 的返回值为 Object，其属性如表 6-2 所示。

表 6-2　wx.getDeviceInfo 返回值对象的属性

属　　性	类　　型	说　　明
abi	string	应用二进制接口类型（仅支持 Android）
benchmarkLevel	number	设备性能等级（仅支持 Android）。取值如下：-2 或 0（该设备无法运行小游戏），-1（性能未知），>=1（设备性能值，该值越高，设备性能越好，目前最高不到 50）
brand	string	设备品牌
model	string	设备型号。新机型刚推出一段时间会显示 unknown，微信会尽快进行适配
system	string	操作系统及版本
platform	string	客户端平台

使用 Redmi Note 11 Pro 5G 手机对代码示例 6-3 进行真机调试，运行结果如图 6-2 所示。在代码示例 6-3 中，deviceInfo 对象为 wx.getDeviceInfo() 的结果，其 abi 属性值为 arm64-v8a，表示设备的 CPU 类型；其 benchmarkLevel 属性为-1（新款手机尚无数据则结果为-1），表示设备姓名等级；其 brand 属性值为 Redmi；其 model 属性值为 21091116C；其 platform 属性表示系统所属的平台；其 system 属性表示系统的具体版本。

代码示例 6-3　wx.getDeviceInfo 的使用
```
// JS 文件
```

```
Page({
  onLoad: function (options) {
    const deviceInfo = wx.getDeviceInfo()
    console.log(deviceInfo.abi)
    console.log(deviceInfo.benchmarkLevel)
    console.log(deviceInfo.brand)
    console.log(deviceInfo.model)
    console.log(deviceInfo.platform)
    console.log(deviceInfo.system)
  }
})
```

图 6-2　真机调试的运行结果

二、wx.getSystemInfoSync 和 wx.getSystemInfoAsync

与系统信息有关的 API 共有 3 个，它们分别是 wx.getSystemInfo、wx.getSystemInfoSync 和 wx.getSystemInfoAsync。wx.getSystemInfo 是异步的调用格式，由于它是同步返回结果，因此不推荐使用。wx.getSystemInfoSync 是同步版本。wx.getSystemInfoAsync 是异步版本。

同步版本的 wx.getSystemInfoSync 使用比较简单，只是在获取过程中有可能出现异常情况，而需要使用 try-catch 语句将它们包围起来，如代码示例 6-4 所示。wx.getSystemInfoSync 调用的结果将直接得到对象，其返回值对象的属性如表 6-3 所示。

代码示例 6-4　同步版本 wx.getSystemInfoSync 的使用

```
// JS 文件
Page({
  onLoad: function (options) {
    try {
      const res = wx.getSystemInfoSync()
      console.log(res.model)
      console.log(res.pixelRatio)
      console.log(res.windowWidth)
      console.log(res.windowHeight)
      console.log(res.language)
      console.log(res.version)
      console.log(res.platform)
    } catch (e) {
```

```
    //处理异常
    }
  }
})
```

表 6-3 wx.geSystemInfoSync 返回值对象的属性

属　性	类　型	说　明
pixelRatio	number	设备像素比
screenWidth	number	屏幕宽度，单位为 px
screenHeight	number	屏幕高度，单位为 px
windowWidth	number	可使用窗口宽度，单位为 px
windowHeight	number	可使用窗口高度，单位为 px
statusBarHeight	number	状态栏的高度，单位为 px
language	string	微信设置的语言
version	string	微信版本号
system	string	操作系统及版本
platform	string	客户端平台
SDKVersion	string	客户端基础库版本
bluetoothEnabled	boolean	蓝牙的系统开关
locationEnabled	boolean	地理位置的系统开关
wifiEnabled	boolean	Wi-Fi 的系统开关

异步版本的 wx.getSystemInfoASync 需要使用异步的方式进行调用，如代码示例 6-5 所示。wx.getSystemInfoASync 的参数为 JSON 对象，对象中有一个 key 为 success 的键-值对，表示配置一个调用成功的回调方法，在该回调方法中会获得一个参数，该参数即wx.getSystemInfoASync 调用的结果，该结果对象的属性与表 6-3 一致，当然也可以像表 6-1 一样来配置 fail 和 complete 回调方法。

代码示例 6-5 异步版本 wx.getSystemInfoAsync 的使用

```
// JS 文件
Page({
  onLoad: function (options) {
    wx.getSystemInfoAsync({
      success: function(res) {
        console.log(res.model)
        console.log(res.pixelRatio)
        console.log(res.windowWidth)
        console.log(res.windowHeight)
        console.log(res.language)
        console.log(res.version)
        console.log(res.platform)
      }
    })
```

```
  }
})
```

三、wx.getSystemSetting

wx.getSystemSetting 可以获取设备设置，为同步方法，其返回值为对象，对象的属性如表 6-4 所示，分别是蓝牙、定位、Wi-Fi 和屏幕方向。

表 6-4 wx.getSystemSetting 返回值对象的属性

属　　性	类　　型	说　　明
bluetoothEnabled	boolean	蓝牙的系统开关
locationEnabled	boolean	地理位置的系统开关
wifiEnabled	boolean	Wi-Fi 的系统开关
deviceOrientation	string	设备方向，值有 portrait（竖屏）和 landscape（横屏）两种情况

wx.getSystemSetting 的使用如代码示例 6-6 所示，同步调用可以直接获得结果对象，之后直接访问结果对象的属性即可。

代码示例 6-6 wx.getSystemSetting 的使用

```
// JS 文件
Page({
 onLoad: function (options) {
  const systemSetting = wx.getSystemSetting()
  console.log(systemSetting.bluetoothEnabled)
  console.log(systemSetting.deviceOrientation)
  console.log(systemSetting.locationEnabled)
  console.log(systemSetting.wifiEnabled)
 }
})
```

6.2.2 更新

像普通的 App 一样，小程序也会进行版本更新，在开发者将最新版本的小程序提交审核并且通过之后，小程序管理员可以向微信确定使用最新的版本。但是客户端小程序并不是每次都会从服务端获取文件，而是会缓存。如果管理员更新了小程序版本，而客户端缓存的却是以前的老版本，那么我们需要更新机制来对客户端小程序进行更新。

另外，微信小程序基础库版本的微信 App 对版本是有依赖关系的，如果微信小程序基础库版本比较新，而微信 App 版本比较旧，那么小程序的部分功能是无法使用的，这时小程序应提示并引导用户升级微信 App。

微信小程序对以上两种情况都提供了相应的 API。

一、更新微信 App 客户端

如果当前版本的小程序对微信 App 版本有特殊要求，那么我们可以在小程序启动时

（App.js 文件的 onLaunch 生命周期方法中）判断用户小程序所在微信 App 客户端的版本是否符合要求。如果版本过低不符合要求，则可以使用 wx.updateWeChatApp 跳转到微信 App 更新页面，如代码示例 6-7 所示。在 app.js 文件的 App 构造器中，对 onLaunch 生命周期方法进行定义。在该方法中，定义闭包函数 compareVersion 函数，该函数的参数为两个版本号字符串，其作用是比较两个版本号的大小，将参数 1 的版本号和参数 2 的版本号进行比较，如果大于则返回值为 1，相等则返回值为 0，小于则返回值为-1。代码示例 6-7 中小于的情况则需要调用 wx.updateWeChatApp 来跳转到微信 App 更新页面，如图 6-3 所示。

代码示例 6-7　wx.updateWeChatApp 的使用

```javascript
// app.js 文件
App({
  onLaunch: function (options) {
    const appBaseInfo = wx.getAppBaseInfo()
    if(compareVersion(appBaseInfo.SDKVersion, "2.21.3")<0){
      wx.updateWeChatApp();
    }
    function compareVersion(v1, v2) {
      v1 = v1.split('.')
      v2 = v2.split('.')
      const len = Math.max(v1.length, v2.length)
      while (v1.length < len) {
        v1.push('0')
      }
      while (v2.length < len) {
        v2.push('0')
      }
      for (let i = 0; i < len; i++) {
        const num1 = parseInt(v1[i])
        const num2 = parseInt(v2[i])
        if (num1 > num2) {
          return 1
        } else if (num1 < num2) {
          return -1
        }
      }
      return 0
    }
  }
})
```

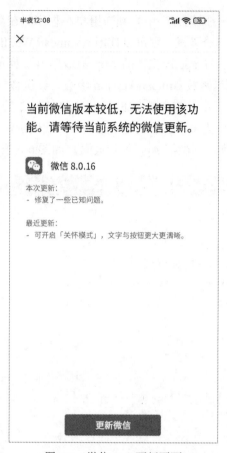

图 6-3　微信 App 更新页面

二、更新小程序

小程序提供了 UpdateManager 对象，它是全局唯一的版本更新管理器，用于管理小程序更新。开发者可以通过 wx.getUpdateManager 接口来获取 UpdateManager 对象实例。UpdateManager 对象的方法如表 6-5 所示。

表 6-5　UpdateManager 对象的方法

方　　法	主　要　内　容
onCheckForUpdate	监听向微信后台请求检查更新结果的事件。微信在小程序冷启动时自动检查更新，无须开发者主动触发
onUpdateReady	监听小程序的版本更新事件。客户端主动触发下载（无须开发者触发），下载成功后回调
applyUpdate	强制小程序重启并使用新版本。在小程序新版本下载完成之后（收到 onUpdateReady 回调）调用
onUpdateFailed	监听小程序更新失败事件。若小程序有新版本，则客户端主动触发下载（无须开发者触发），在下载失败（可能是网络原因等）之后回调

我们可以在获取 UpdateManager 之后，利用 UpdateManager 对本地缓存的小程序进行更新，与更新微信 App 客户端类似，可以选择在小程序启动生命周期方法 onLaunch 时进行更新，如代码示例 6-8 所示。首先，利用 wx.getUpdateManager 接口来获取 UpdateManager 实例；接着，调用 UpdateManager 的 onCheckForUpdate 方法，通过该方法定义监听检查更新函

数，可以通过参数属性 hasUpdate 来判断是否有版本更新，当 hasUpdate 为 true 时表示有更新，当 hasUpdate 为 false 时表示没有更新；然后，调用 UpdateManager 的 onUpdateReady 方法，定义小程序新版本下载完成之后的成功回调函数，在该回调函数中通过对话框提示用户更新；最后，调用 UpdateManager 的 onUpdateFailed 方法，定义小程序下载失败事件响应函数。

代码示例 6-8　UpdateManager 实现小程序更新

```javascript
// app.js
App({
  onLaunch: function (options) {
    const updateManager = wx.getUpdateManager()
    updateManager.onCheckForUpdate(function (res) {
      console.log(res.hasUpdate)   //检查是否有新版本
    })
    updateManager.onUpdateReady(function () {
      // 新的版本已经下载好
      wx.showModal({
        title: '更新提示',
        content: '新版本已经准备好，是否重启应用？',
        success: function (res) {
          if (res.confirm) {
            updateManager.applyUpdate()   //应用新版本并重启
          }
        }
      })
    })
    updateManager.onUpdateFailed(function () {
      // 处理新版本下载失败
    })
  }
})
```

6.2.3　调试

微课：调试

调试类 API 主要用于实现与日志相关的功能。在"3.6.3　console 对象"中，我们使用了 console 全局对象来向调试面板中打印日志。除了调试器日志，小程序还支持客户端本地日志和实时日志。

本地日志最多保存 5MB 的日志内容，在超过 5MB 之后，旧的日志内容会被删除。对于小程序，用户可以通过使用 button 组件的 open-type="feedback" 来上传打印的日志；对于小游戏，用户可以通过使用 wx.createFeedbackButton 来创建上传打印日志的按钮。开发者可以通过小程序管理后台的"反馈管理"页面来查看相关打印日志。

实时日志由客户端通过相关的 API 来打印，然而，实时日志的"实时"并非严格意义上的实时，它会将一定时间间隔内缓存的日志聚合上报，如果该时间内缓存的内容超出限制，则会被丢弃，最终日志会以一定的时间间隔被上报到小程序后台。开发者可以从小程序管理后台的“开发”→“运维中心”→“实时日志”进入小程序端日志查询页面，或从“小程序插件”→“实时日志”进入插件端日志查询页面，进而查看打印的日志信息。本地日志需要用户事后主动上传，而实时日志则是被自动上传到管理端的，开发者可以实时查看最新的实时日志。显然实时日志更友好、更方便。本小节将以实时日志为例来讲解调试类 API。

RealtimeLogManager 是实时日志管理器实例对象，它可以通过 wx.getRealtimeLogManager 接口来获取，RealtimeLogManager 对象的方法如表 6-6 所示。其中，info、warn、error 方法的参数可以为任意内容。

表 6-6　RealtimeLogManager 对象的方法

方　　法	说　　明
info	写 info 日志
warn	写 warn 日志
error	写 error 日志
in(Page pageInstance)	设置实时日志 page 参数所在的页面
setFilterMsg(string msg)	设置过滤关键字
addFilterMsg(string msg)	添加过滤关键字
getCurrentState	获取当前缓存剩余空间

RealtimeLogManager 的使用如代码示例 6-9 所示。

代码示例 6-9　RealtimeLogManager 的使用

```js
// JS 文件
const logger = wx.getRealtimeLogManager()
logger.info({str: 'hello world'}, 'info log', 100, [1, 2, 3])
logger.error({str: 'hello world'}, 'error log', 100, [1, 2, 3])
logger.warn({str: 'hello world'}, 'warn log', 100, [1, 2, 3])
```

6.2.4　应用级事件

目前我们接触较多的事件有组件事件和页面事件，组件事件有常见的 tap 事件，页面事件主要是页面生命周期方法对应的事件，比如 load、show 和 ready 等。通过对小程序构造器的讲解，不难发现微信小程序还有应用级事件，比如 show、hide 等。应用级事件主要针对整个小程序而言，既可以通过在 App 构造器中注册，又可以通过 API 来进行配置，部分应用级事件 API 如表 6-7 所示。

表 6-7　部分应用级事件 API

应用级事件 API	说　　明
wx.onAppShow	监听小程序切前台事件。该事件与 App.onShow 的回调参数一致
wx.onAppHide	监听小程序切后台事件。该事件与 App.onHide 的回调时机一致
wx.onError	监听小程序错误事件，如脚本错误或 API 调用报错等。该事件与 App.onError 的回调时机与参数一致

续表

应用级事件 API	说　明
wx.onPageNotFound	监听小程序要打开的页面不存在事件。该事件与 App.onPageNotFound 的回调时机一致
wx.offAppShow	取消监听小程序切前台事件
wx.offAppHide	取消监听小程序切后台事件
wx.offError	取消监听小程序错误事件
wx.offPageNotFound	取消监听小程序要打开的页面不存在事件

在代码示例 6-10 所示的页面 WXML 文件中定义了两个按钮,分别为 on 和 off。其中,on 绑定的点击事件的内容为注册 AppShow 事件响应函数的 print 方法,而 off 绑定的点击事件的内容为取消注册 AppShow 事件绑定的 print 方法。这部分代码应该使用真机进行调试,因为 AppShow 事件在真机中更容易发生,比如点击右上角胶囊按钮离开小程序、点击返回键离开小程序、在小程序前台运行时直接把微信切后台(手势或点击 Home 键)或在小程序前台运行时直接锁屏等。在真机调试的过程中,首先,点击 onAppShow 按钮,切换微信小程序至后台;然后,将微信小程序切换至前台,调试器 Console 打印“print”;最后,点击 offAppShow 按钮,切换小程序至后台,再将小程序切换至前台,这时调试器 Console 没有打印“print”。

代码示例 6-10　使用 API 对应用级事件 AppShow 进行注册和反注册

```
<!-- WXML 文件 -->
<button bindtap="on" type="primary" style="margin-bottom:
15rpx;">onAppShow</button>
<button bindtap="off" type="primary">offAppShow</button>
// JS 文件
Page({
  on: function(){
    wx.onAppShow(this.print)
  },
  off: function(){
    wx.offAppShow(this.print)
  },
  print: function(){
    console.log("print");
  }
})
```

需要特别强调的是,这里的注册和反注册针对的应该是同一个函数对象,所以我们传递的参数是函数引用。

6.3　界面

很多时候我们需要动态地修改已经渲染的页面,小程序框架中没有 DOM 模型,因此直接操作 WXML 是很困难的。但是小程序给我们提供了很多与界面相关的 API,这样就可以在小程序运行过程中动态地修改页面了。这种需求非常普遍，比如进入首页后弹出的活动提示窗口等。界面的 API 主要有交互、导航栏、Tab Bar、动画、滚动、下拉刷新、背景、字体等，虽然大部分都有静态代码的配置，但是相关的 API 能让开发者有更灵活的控制方式。

6.3.1　交互

微课：交互

在使用 API 控制界面的操作中，最典型、最常用的要数交互。交互不适合写成静态的 WXML 代码，而适合使用 API 来进行动态控制。比较常用的交互类 API 有 showToast、showModal、showLoading、showActionSheet 等，它们都位于 wx 对象下。

一、showToast

showToast 接口的效果是显示一个微信风格的消息类型对话框，在调用时需要一个 JSON 对象作为参数，该参数对象的属性如表 6-8 所示。

表 6-8　showToast 接口参数对象的属性

属　性	类　型	默认值	说　明
title	string		提示的内容
icon	string	success	图标
image	string		自定义图标的本地路径，image 的优先级高于 icon
duration	number	1500	提示的延迟时间，单位为毫秒
mask	boolean	false	是否显示透明蒙层，防止触摸穿透
success	function		接口调用成功的回调函数
fail	function		接口调用失败的回调函数
complete	function		接口调用结束的回调函数（调用成功、失败都会执行）

showToast 的使用如代码示例 6-11 所示，在页面 WXML 文件中定义一个按钮，该按钮绑定了点击事件响应函数 toast，toast 函数调用了 showToastAPI，该对话框的标题为"操作成功"，图标为 success，持续时间为 3 秒，其最终运行效果如图 6-4 所示。

代码示例 6-11　showToast 的使用

```
<!-- WXML 文件 -->
<button bindtap="toast" type="primary">showToast</button>
// JS 文件
Page({
  toast: function(){
    wx.showToast({
      title: '操作成功',
      icon: 'success',
      duration: 3000
    })
  }
})
```

图 6-4　showToast 的运行效果

二、showModal

showModal 接口的效果是显示模态对话框。模态对话框是指在显示模态对话框之后，用户想要对模态对话框以外的界面进行操作，必须先对该对话框进行响应，比如单击"确定"按钮或"取消"按钮等将该对话框关闭，然后才能进行后续的其他操作。showModal 接口的调用需要一个 JSON 对象作为参数，该参数对象的属性如表 6-9 所示。

表 6-9　showModal 接口参数对象的属性

属　　性	类　　型	默　认　值	说　　　　　明
title	string		提示的标题
content	string		提示的内容
showCancel	boolean	true	是否显示"取消"按钮
cancelText	string	取消	"取消"按钮的文本，最多 4 个字符
cancelColor	string	#000000	"取消"按钮的文字颜色，必须是十六进制格式的颜色字符串
confirmText	string	确定	"确认"按钮的文本，最多 4 个字符
confirmColor	string	#576B95	"确认"按钮的文字颜色，必须是十六进制格式的颜色字符串
editable	boolean	false	是否显示输入框
placeholderText	string		显示输入框时的提示文本
success	function		接口调用成功的回调函数
fail	function		接口调用失败的回调函数
complete	function		接口调用结束的回调函数（调用成功、失败都会执行）

其中最重要的是 success 属性，其值为 showModal 调用成功的回调函数，该函数会自动获取一个参数对象，该参数对象的属性如表 6-10 所示。

表 6-10　success 回调函数获取参数对象的属性

属　　性	类　　型	说　　　　　明
content	string	当 editable 为 true 时，用户输入的文本
confirm	boolean	当该属性值为 true 时，表示用户点击了"确定"按钮

续表

属　　性	类　　型	说　　明
cancel	boolean	当该属性值为 true 时，表示用户点击了"取消"按钮（用于 Android 系统，可以区分点击蒙层关闭还是点击"取消"按钮关闭）

在代码示例 6-12 所示的页面 WXML 文件中有一个 button 组件，该 button 绑定了点击事件的响应函数 modal，modal 函数的内容为调用 showModal 接口，设置标题为"提示"，内容为"删除将不能恢复，你确定删除该订单吗？"，成功回调函数的内容为判断用户的选择，并通过调试器 Console 打印出来。最终运行效果如图 6-5 所示。

代码示例 6-12　showModal 的使用

```
<!-- WXML 文件 -->
<button bindtap="modal" type="primary">showModal</button>
// JS 文件
Page({
 modal: function(){
   wx.showModal({
     title: '提示',
     content: '删除将不能恢复，你确定删除该订单吗？',
     success (res) {
       if (res.confirm) {
         console.log('用户点击确定')
       } else if (res.cancel) {
         console.log('用户点击取消')
       }
     }
   })
 }
})
```

图 6-5　showModal 的运行效果

三、showLoading 与 hideLoading

showLoading 接口会显示微信的 loading 提示框，需要主动调用 wx.hideLoading 才能关闭该 loading，所以 showLoading 和 hideLoading 总是成对配合使用的。比如网络请求操作，因为网络请求操作是费时操作（时间取决于网速和服务器响应速度），为了在网络请求期间保证操作原子性，需要让用户进入等待状态，通常是显示 loading；所以在小程序中执行网络请求操作之前，我们可以先调用 showLoading 接口来显示 loading，然后在网络请求完成之后调用 hideLoading 接口来关闭 loading。showLoading 参数对象的属性如表 6-11 所示。

表 6-11　showLoading 接口参数对象的属性

属　　性	类　　型	默 认 值	说　　明
title	string		提示的内容
mask	boolean	false	是否显示透明蒙层，防止触摸穿透
success	function		接口调用成功的回调函数
fail	function		接口调用失败的回调函数
complete	function		接口调用结束的回调函数（调用成功、失败都会执行）

hideLoading 接口的调用比较简单，需要注意的参数对象的属性仅有 3 个，分别是 success、fail 和 complete，分别对应调用成功、失败和结束的回调函数。

在代码示例 6-13 所示的页面 WXML 文件中有一个 button 组件，该 button 绑定了点击事件的响应函数 loading。loading 函数为先调用 showLoading 方法，设置标题为"加载中"，然后使用定时器方法 setTimeout 来模拟异步操作，在两秒之后执行 hideLoading 接口。整个过程的运行效果如图 6-6 所示，在点击按钮之后显示 loading，在两秒之后关闭 loading。

代码示例 6-13　showLoading 和 hideLoading 的使用

```
<!-- WXML 文件 -->
<button bindtap="loading" type="primary">showLoading</button>
// JS 文件
Page({
  loading: function(){
    wx.showLoading({
      title: '加载中',
    })
    setTimeout(function () {
      wx.hideLoading()
    }, 2000)
  }
})
```

图 6-6　showLoading 的运行效果

四、showActionSheet

showActionSheet 接口的作用是显示一个自定义数据的底部弹出菜单，其参数对象的属性如表 6-12 所示。其中，itemList 属性是必填项，是我们自定义的菜单项文本数组，数据类型只能是字符串类型，且最大长度为 6。

表 6-12　showActionSheet 接口参数对象的属性

属　　性	类　　型	默　认　值	说　　明
alertText	string		警示文本
itemList	Array.<string>		按钮的文字数组，数组长度最大为 6
itemColor	string	#000000	按钮的文字颜色
success	function		接口调用成功的回调函数
fail	function		接口调用失败的回调函数
complete	function		接口调用结束的回调函数（调用成功、失败都会执行）

success 为成功回调函数，将自动获取参数对象，该参数对象有 tapIndex 属性，其值为被选择菜单项在 itemList 中的索引序号。在代码示例 6-14 所示的页面 WXML 文件中有一个按钮 showActionSheet，该按钮绑定了点击事件响应函数 actionSheet，该函数调用了 showActionSheet 接口，并在调用成功的回调函数中打印用户的选择项索引，同时，该 actionSheet 有 3 个数据项，分别是"选项一"、"选项二"和"选项三"。点击按钮后的页面运行效果如图 6-7 所示。

代码示例 6-14　showActionSheet 的使用

```
<!-- WXML 文件 -->
<button bindtap="actionSheet" type="primary">showActionSheet</button>
// JS 文件
Page({
  actionSheet: function(){
    wx.showActionSheet({
      itemList: ['选项一', '选项二', '选项三'],
      success (res) {
```

```
      console.log(res.tapIndex)
    },
    fail (res) {
      console.log(res.errMsg)
    }
  })
  }
})
```

图 6-7 showActionSheet 的运行效果

6.3.2 导航栏

在 "3.1 JSON 配置" 中，讲解了通过全局配置文件和页面配置文件设置导航栏，但是配置是静态的，有很多局限性，当用户需要动态地修改导航栏时，JSON 配置是无能为力的。还好小程序的 API 提供了相关的接口。

一、showNavigationBarLoading 与 hideNavigationBarLoading

showNavigationBarLoading 接口的作用是在当前页面中显示导航条加载动画，而 hideNavigationBarLoading 则相反，作用是隐藏当前页面的导航条加载动画。这两个接口的使用非常简单，在调用时选择性地传入 success、fail、complete 回调函数即可。在代码示例 6-15 所示的页面 WXML 文件中有两个按钮。第一个按钮 showLoading 绑定了点击事件响应函数 showLoading。showLoading 函数的内容是调用 showNavigationBarLoading 接口实现显示标题栏加载图标的效果。第二个按钮 hideLoading 绑定了点击事件响应函数 hideLoading。hideLoading

函数的内容是调用 hideNavigationBarLoading 接口实现隐藏标题栏加载图标的效果。点击 showLoading 按钮之后的运行效果如图 6-8 所示。

代码示例 6-15   showNavigationBarLoading 与 hideNavigationBarLoading 的使用

```
<!-- WXML 文件 -->
<button type="primary" bindtap="showLoading">showLoading</button>
<view style="height: 10rpx;"></view>
<button type="primary" bindtap="hideLoading">hideLoading</button>
// JS 文件
Page({
  showLoading: function(){
    wx.showNavigationBarLoading({
      success: (res) => {
        console.log(res)
      },
    })
  },
  hideLoading: function(){
    wx.hideNavigationBarLoading({
      success: (res) => {
        console.log(res)
      },
    })
  }
})
```

图 6-8   showNavigationBarLoading 的运行效果

二、wx.setNavigationBarTitle(Object object)

setNavigationBarTitle 接口的作用是修改当前页面导航栏的标题，通过在程序中使用该接口可以实现动态修改导航栏标题的效果。需要特别强调的是，根据"3.1   JSON 配置"的内容，我们知道既可以通过在全局 app.json 文件中配置 navigationBarTitleText 属性来设置导航栏标题，又可以通过在页面 JSON 文件中配置 navigationBarTitleText 来设置导航栏标题，但是使用 setNavigationBarTitle 接口仅对当前页面有效，对全局无效，相当于修改了页面 JSON 配置文件。

setNavigationBarTitle 接口的使用非常简单，其参数对象可以配置 4 个属性，分别是 title、success、fail 和 complete。其中，title 是标题，是必填项；success、fail 和 complete 表示接口调用成功、失败和结束的回调函数，是可选项。在代码示例 6-16 所示的页面 WXML 文件中有一

个 按 钮 " setTitle "，该 按 钮 绑 定 了 一 个 点 击 事 件 响 应 函 数 setTitle， 该 函 数 调 用 setNavigationBarTitle 接口，将当前导航栏的标题修改为测试。在点击 "setTitle" 按钮之前，页面如图 6-9 所示，导航栏标题为 Weixin。在点击 "setTitle" 按钮之后，页面如图 6-10 所示，导航栏标题为测试。

代码示例 6-16　setNavigationBarTitle 的使用

```
<!-- WXML 文件 -->
<button type="primary" bindtap="setTitle">setTitle</button>
// JS 文件
Page({
  setTitle: function () {
    wx.setNavigationBarTitle({
      title: '测试'
    })
  }
})
```

图 6-9　使用 setNavigationBarTitle 前的页面

图 6-10　使用 setNavigationBarTitle 后的页面

三、wx.setNavigationBarColor(Object object)

通常我们会让一个小程序的界面主体配色风格保持统一，比如导航栏背景颜色、Tab Bar 图标颜色和页面背景颜色。但是有时候希望在一些特殊的页面（比如特殊活动页面）中改变整体页面配色，这时候就需要动态地修改导航栏背景等颜色。对于导航栏颜色的修改，小程序 API 提供了 setNavigationBarColor，该接口参数对象的属性如表 6-13 所示。

表 6-13　setNavigationBarColor 接口参数对象的属性

属　　性	类　　型	必　填	说　　明
frontColor	string	是	前景颜色值，包括按钮、标题、状态栏的颜色，仅支持#ffffff 和 #000000
backgroundColor	string	是	背景颜色值，有效值为十六进制颜色
animation	object	否	动画效果
success	function	否	接口调用成功的回调函数
fail	function	否	接口调用失败的回调函数
complete	function	否	接口调用结束的回调函数（调用成功、失败都会执行）

在代码示例 6-17 所示的页面 WXML 文件中有一个按钮 setColor，该按钮绑定了点击事件响应函数 setColor，该函数调用了 setNavigationBarColor 接口，该接口将导航栏的前景色设置为白色、背景色设置为黄色。点击按钮之前的页面如图 6-11 所示，点击按钮之后的页面如

图 6-12 所示。

```
代码示例 6-17   setNavigationBarColor 的使用
<!-- WXML 文件 -->
<button type="primary" bindtap="setColor">setColor</button>
// JS 文件
Page({
  setColor: function () {
    wx.setNavigationBarColor({
      frontColor: "#ffffff",
      backgroundColor: "#ffff00"
    })
  }
})
```

图 6-11　使用 setNavigationBarColor 前的页面　　　　图 6-12　使用 setNavigationBarColor 后的页面

6.3.3　Tab Bar

　　Tab Bar 几乎是所有移动应用的标配，小程序也提供了 Tab Bar，使用起来非常简单。Tab Bar 是所有小程序组件中特殊的存在，它不能通过 WXML 来创建，而只能在 app.json 文件中进行配置或者使用 API 进行操作从而实现 Tab Bar 的定义，前者是静态的，后者是动态的。本节我们将先使用 Tab Bar，然后通过 API 操作 Tab Bar。

一、通过 app.json 配置 Tab Bar

　　如果小程序是一个多 Tab Bar（选项卡）应用，即应用窗口的底部或顶部有 Tab Bar 栏，则可以通过点击不同的 Tab Bar 来实现页面的快速切换。在小程序中，我们可以通过对 app.json 文件的 tabBar 配置项进行配置来指定 Tab Bar 栏的显示，以及 Tab Bar 切换时显示的对应页面。Tab Bar 配置项的属性如表 6-14 所示。

表 6-14　Tab Bar 配置项的属性

属　　性	类　　型	默 认 值	描　　　　述
color	HexColor		tab 上文字的默认颜色，仅支持十六进制的格式
selectedColor	HexColor		选中 tab 上文字时的颜色，仅支持十六进制的格式
backgroundColor	HexColor		tab 的背景色，仅支持十六进制的格式
borderStyle	string	black	Tab Bar 上边框的颜色，仅支持 black/ white
list	Array		tab 的列表，详见 list 属性说明，最少两个、最多 5 个 tab
position	string	bottom	Tab Bar 的位置，仅支持 bottom/top
custom	boolean	false	自定义 Tab Bar

其中，list 属性比较复杂，它接受一个数组，数组的子项为某个 tab，且该数组项最少两个、最多 5 个，即一个 tab 最少有两个子项，最多只能有 5 个子项，并且最终 tab 的显示顺序与 list 子项顺序一致。list 数组的子项是一个对象，其属性如表 6-15 所示。Tab Bar 及 list 配置项的属性示意如图 6-13 所示。

表 6-15 list 配置项的属性

属　　性	类　　型	必　　填	说　　明
pagePath	string	是	页面路径，必须先在 pages 中定义
text	string	是	tab 上按钮的文字
iconPath	string	否	图片路径，icon 大小限制为 40KB，建议尺寸为 81px×81px，不支持网络图片。当 position 为 top 时，不显示 icon
selectedIconPath	string	否	选中时的图片路径，icon 大小限制为 40KB，建议尺寸为 81px×81px，不支持网络图片。当 position 为 top 时，不显示 icon

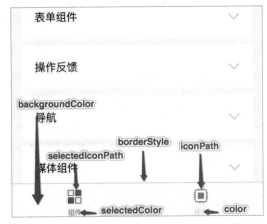

图 6-13　Tab Bar 及 list 配置项的属性示意

代码示例 6-18 所示的 app.json 文件包含 Tab Bar 配置项的内容，将 color 属性设置为 "#bfbfbf"，则该 Tab Bar 项目的默认颜色是浅灰色；将 selectedColor 属性设置为 "#66cc33"，则该 Tab Bar 项目被选中时的颜色为浅绿色；将 borderStyle 设置为 "black"，则该 Tab Bar 与页面之间的分割线为黑色；将 backgroundColor 设置为 "#ffffff"，则该 Tab Bar 的背景颜色为白色。list 数组定义了 3 个 Tab Bar 项目的详细内容。最终运行效果如图 6-14 所示。需要特别强调的是，根据人们的视觉习惯，我们需要保持图标与文字颜色一致，将 iconPath 对应的图标颜色与 color 保持一致，而 selectedIconPath 则与 selectedColor 一致。

代码示例 6-18　Tab Bar 的典型配置

```
"tabBar": {
  "color": "#bfbfbf",
  "selectedColor": "#66cc33",
  "borderStyle": "black",
  "backgroundColor": "#ffffff",
  "list": [{
    "pagePath": "pages/index/index",
```

```
  "iconPath": "images/tabbar/index.png",
  "selectedIconPath": "images/tabbar/index-slt.png",
  "text": "首页"
}, {
  "pagePath": "pages/course/course",
  "iconPath": "images/tabbar/course.png",
  "selectedIconPath": "images/tabbar/course-slt.png",
  "text": "课程"
}, {
  "pagePath": "pages/my/my",
  "iconPath": "images/tabbar/my.png",
  "selectedIconPath": "images/tabbar/my-slt.png",
  "text": "我的"
}]
}
```

图 6-14   Tab Bar 的运行效果

另外，Tab Bar 的显示依赖于关联的页面，只有在被关联的页面显示时才会出现 Tab Bar，而且 Tab Bar 项目中默认被选中的项不取决于"tabBar"配置项，而取决于"pages"配置项中最早出现的关联页面。所以在已经配置好的情况下出现 Tab Bar 不显示的情况时，我们要重点考虑关联页面在"pages"中的次序。

二、通过 API 操作 Tab Bar

虽然我们的 Tab Bar 通常很少会有动态修改的需要，但是微信团队还是提供了丰富的 API 来操作 Tab Bar，包括动态设置 Tab Bar 样式的接口 setTabBarStyle，动态设置 Tab Bar 子项的接口 setTabBarItem，显示、隐藏 Tab Bar 的接口 showTabBar、hideTabBar，以及显示气泡提示的接口 setTabBarBadge、removeTabBarBadge。

1．setTabBarStyle

setTabBarStyle 接口的作用是动态设置 Tab Bar 的整体样式，该接口参数对象属性如表 6-16 所示。

表 6-16   setTabBarStyle 接口参数对象的属性

属　性	类　型	说　明
color	string	tab 上文字默认的颜色，HexColor
selectedColor	string	tab 上文字被选中时的颜色，HexColor
backgroundColor	string	tab 的背景色，HexColor
borderStyle	string	Tab Bar 上边框的颜色，仅支持 black 或 white
success	function	接口调用成功的回调函数
fail	function	接口调用失败的回调函数
complete	function	接口调用结束的回调函数（调用成功、失败都会执行）

　　某微信小程序原始配置的 Tab Bar 如图 6-15 所示，其 backgroundColor 为 white。通过运行代码示例 6-19 中 setTabBarStyle 接口的 setStyle 方法可以动态地修改 Tab bar 的样式，修改后的运行效果如图 6-16 所示。

图 6-15　使用 setTabBarStyle 之前的运行效果

代码示例 6-19　　setTabBarStyle 的使用

```javascript
// JS 文件
Page({
  setStyle: function() {
    wx.setTabBarStyle({
      backgroundColor: '#696969',
      borderStyle: "white"
    })
  }
})
```

图 6-16　使用 setTabBarStyle 之后的运行效果

2. setTabBarItem

　　setTabBarItem 接口的作用是动态设置 Tab Bar 中某一项的内容，比如图标、文字。其中，图标支持临时文件和网络文件对应的图片。setTabBarItem 接口只能修改某一项的文字、图标，而不能修改页面，其参数对象的属性如表 6-17 所示。

表 6-17　setTabbarItem 接口参数对象的属性

属　　性	类　　型	必　　填	说　　明
index	number	是	Tab Bar 的哪一项，从左边算起
text	string	否	tab 上的按钮文字
iconPath	string	否	图标路径，icon 大小限制为 40KB，建议尺寸为 81px×81px。当 postion 为 top 时，此参数无效
selectedIconPath	string	否	选中图标路径，icon 大小限制为 40KB，建议尺寸为 81px×81px。当 postion 为 top 时，此参数无效
success	function	否	接口调用成功的回调函数
fail	function	否	接口调用失败的回调函数
complete	function	否	接口调用结束的回调函数（成功或失败都会执行）

　　在代码示例 6-20 所示的 JS 文件中，setItem 方法通过调用 setTabBarItem 接口实现对 Tab Bar 的修改，传递的参数配置项目中的 index 为 1，表示修改 Tab Bar 的第二项；text 的值为"资讯"，表示修改文字标题为"资讯"；分别为 iconPath 和 selectedIconPath 进行赋值，表示修改默认图标和已选中的图标。使用 setTabBarItem 之前的运行效果如图 6-15 所示，使用

setTabBarItem 之后的运行效果如图 6-17 所示。

代码示例 6-20　setTabBarItem 的使用
```
// JS 文件
Page({
  setItem: function() {
    wx.setTabBarItem({
      index: 1,
      text: '资讯',
      iconPath: '/images/tabbar/news.png',
      selectedIconPath: 'images/tabbar/news-slt.png'
    })
  }
})
```

图 6-17　使用 setTabBarItem 之后的运行效果

3. showTabBar 和 hideTabBar

当页面内容很多时，我们希望暂时把 Tab Bar 隐藏起来，以获得更大的可视面积，看完后再恢复 Tab Bar 的显示。这时我们可以通过 showTabBar 和 hideTabBar 这一对 API 来操作。showTabBar 和 hideTabBar 接口参数对象的属性完全一致，如表 6-18 所示。

表 6-18　showTabBar 和 hideTabBar 接口参数对象的属性

属　　性	类　　型	默　认　值	必　　填	说　　明
animation	boolean	false	否	是否需要动画效果
success	function		否	接口调用成功的回调函数
fail	function		否	接口调用失败的回调函数
complete	function		否	接口调用结束的回调函数

在代码示例 6-21 所示的 JS 文件中，先通过页面的按钮触发 hideTabBar 方法，然后在 hideTabBar 方法中通过 wx 对象调用 hideTabBar 这个 API，并且通过将 animation 配置为 true，实现带动画隐藏 Tab Bar 的运行效果，showTabBar 接口的使用类似。

代码示例 6-21　setTabbarItem 的使用
```
// JS 文件
Page({
  showTabBar: function() {
    wx.showTabBar({
      animation: true,
    })
  },
  hideTabBar: function() {
```

```
  wx.hideTabBar({
    animation: true,
  })
  }
})
```

4．setTabBarBadge 和 removeTabBarBadge

很多 App 在页面内容有更新变化时，相应的 Tab Bar 上会有气泡提示信息，我们把这种信息称为 Badge。微信提供了相应的 API 来操作小程序 Tab Bar 上的 Badge，进而实现原生 App 的气泡提示效果。setTabBarBadge 接口参数对象的属性如表 6-19 所示。

表 6-19　setTabBarBadge 接口参数对象的属性

属　　性	类　　型	必　填	说　　明
index	number	是	Tab Bar 的哪一项，从左边算起
text	string	是	显示的文本，超过 4 个字符则显示成…
success	function	否	接口调用成功的回调函数
fail	function	否	接口调用失败的回调函数
complete	function	否	接口调用结束的回调函数（调用成功、失败都会执行）

removeTabBarBadge 接口参数对象的属性与 setTabBarBadge 基本一致，只是没有 text，因为删除 Badge 不需要赋予文本。

如果想在"课程"这个 Tab Bar 中提示用户有 3 条未读消息，则可以通过代码示例 6-22 来实现 Badge 的显示和删除。在使用 setTabBarBadge 之后，触发 setBadge 方法的运行效果如图 6-18 所示，可以看到 Badge 显示在相应项的右上角。如果触发 removeBadge 方法，则会观察到 Badge 消失了。

代码示例 6-22　setTabBarBadge 和 removeTabBarBadge 的使用

```
// JS 文件
Page({
  setBadge: function(){
    wx.setTabBarBadge({
      index: 1,
      text: '3'
    })
  },
  removeBadge: function(){
    wx.removeTabBarBadge({
      index: 1,
    })
  }
})
```

图 6-18　使用 setTabBarBadge 之后的运行效果

6.4 数据缓存

微课：数据缓存

本地数据缓存是 App 中常见的功能，它针对的是一些临时数据，比如从服务端获得的一些数据，只需要保存在本地，临时地使用一下，这种数据即使被清理回收也没有关系，因为服务端是有数据源的，如果被清理了，那么 App 还可以从服务端再次获取该数据。小程序提供了一系列完善的 API 来操作数据缓存，以方便开发者的开发和使用。

在正式使用数据缓存之前，需要明确微信小程序本地数据缓存是基于 key-value 键-值对的，其中，key 只能是字符串，value 只支持原生类型、Date 及能够通过 JSON.stringify 序列化的对象，而且数据缓存只在某个小程序内部有效。例如，小程序 A 中有 key 为 "name" 的缓存，那么其他 App 或者小程序无法访问这个 key 为 "name" 的缓存。

另外，由于本地缓存的读取、写入和删除是费时操作，特别是在启用加密存储的情况下，为了方便广大开发者，数据缓存的 API 有两个版本，一个是异步方式，另一个是同步方式（方法名带 "Sync" 后缀，关于同步和异步，详见 "6.1.1 同步和异步"），两个版本的功能完全一样。在使用上，同步版本适合读写简单且未加密的数据，无须考虑等待问题，而异步版本需要考虑业务的同步问题，且需要将同步的业务放在回调函数中执行。本节以异步方式为例了解缓存的读取、写入、删除及清空。同步方式的使用类似，甚至更加简单。

一、setStorage

setStorage 接口以异步的方式指定 key 的缓存值，如果该 key 的缓存值已经存在，那么它会覆盖掉原来的内容，除非用户主动删除或因存储空间原因被系统清理，否则数据一直可用。单个 key 允许存储的最大数据为 1MB，所有数据的存储上限均为 10MB。由于是异步方式，所以 setStorage 接口同时支持通过回调方式和 Promise 风格两种方式进行调用，其参数对象的属性如表 6-20 所示。

表 6-20　setStorage 接口参数对象的属性

属　性	类　型	默 认 值	必　填	说　　明
key	string		是	本地缓存中指定的 key
data	any		是	需要存储的内容。只支持原生类型、Date 及能够通过 JSON.stringify 序列化的对象
encrypt	boolean	false	否	是否开启加密存储。只有异步的 setStorage 接口能支持开启加密存储。开启之后会对 data 使用 AES128 加密，接口回调耗时将会增加
success	function		否	接口调用成功的回调函数
fail	function		否	接口调用失败的回调函数
complete	function		否	接口调用结束的回调函数

二、getStorage

getStorage 接口以异步方式读取指定 key 的缓存值，它和 setStorage 是相反的操作，其参数对象的属性如表 6-21 所示。

表 6-21　getStorage 参数对象的属性

属　　性	类　　型	默 认 值	必　填	说　　　明
key	string		是	本地缓存中指定的 key
encrypt	boolean	false	否	是否开启加密存储。只有异步方式的 getStorage 接口能支持开启加密存储
success	function		否	接口调用成功的回调函数
fail	function		否	接口调用失败的回调函数
complete	function		否	接口调用结束的回调函数

三、removeStorage

removeStorage 接口以异步方式删除指定 key 的缓存值，其参数对象的属性如表 6-22 所示。

表 6-22　removeStorage 参数对象的属性

属　　性	类　　型	必　填	说　　　明
key	string	是	本地缓存中指定的 key
success	function	否	接口调用成功的回调函数
fail	function	否	接口调用失败的回调函数
complete	function	否	接口调用结束的回调函数

四、clearStorage

clearStorage 接口以异步方式删除所有的缓存值，clear 即为清空，这个操作会把当前小程序内所有的缓存全部删除。clearStorage 接口参数对象的属性如表 6-23 所示。

表 6-23　clearStorage 参数对象的属性

属　　性	类　　型	必　填	说　　　明
success	function	否	接口调用成功的回调函数
fail	function	否	接口调用失败的回调函数
complete	function	否	接口调用结束的回调函数

在代码示例 6-23 所示的 JS 文件中，触发 setStorage 方法会向当前小程序的数据缓存中增加一个 key 为 "user"、value 为 "Abigail" 的数据，调试器 Console 打印的内容如图 6-19 所示，同时可以在调试器 Storage 中看到刚刚添加的缓存数据，如图 6-20 所示。

当触发 getStorage 方法时，将获取 key 为 "user" 的缓存，通过成功回调函数打印出结果 res，并且在调试器 Console 中显示出来，如图 6-21 所示。我们可以看到，在执行了 setStorage 方法之后，再去执行 getStorage 的结果就是 "Abigail"。

当触发 removeStorage 方法时，将删除 key 为 "user" 的缓存。我们可以发现，在执行 removeStorage 方法之后，调试器 Storage 中 key 为 "user" 的缓存消失了，这是因为它刚刚被删除了。

当触发 clearStorage 方法时，将删除所有的缓存。我们可以发现，在执行 clearStorage 方法之后，调试器 Storage 中所有的缓存都消失了。

代码示例 6-23　　数据缓存 API 的使用

```javascript
// JS 文件
Page({
  setStorage: function () {
    wx.setStorage({
      key: "user",
      data: "Abigail",
      success: function (res) {
        console.log(res)
      }
    })
  },
  getStorage: function () {
    wx.getStorage({
      key: 'user',
      success: function (res) {
        console.log(res)
      }
    })
  },
  removeStorage: function () {
    wx.removeStorage({
      key: 'user',
    })
  },
  clearStorage: function(){
    wx.clearStorage()
  }
})
```

图 6-19　触发 setStorage 方法之后
调试器 Console 打印的内容

图 6-20　触发 setStorage 方法之后
调试器 Storage 中的内容

图 6-21　触发 getStorage 方法之后调试器 Console 打印的内容

6.5　网络

微信是典型的移动应用 App，小程序同样如此，它们都需要借助移动网络与服务器进行交互，来实现数据交换的目的，所以在所有移动应用开发中都有一个非常重要的内容——网络请求。微信小程序提供了丰富的网络 API，而且使用非常简单，主要有普通网络请求、文件上传、文件下载和 WebSocket。在这些网络 API 中，普通网络请求、文件上传和文件下载都是基于HTTP 协议的，WebSocket 是基于 TCP/IP 协议的。

6.5.1　开发配置

在正式上线的微信小程序中，对服务端网络协议是有明确要求的，即需要正式的域名，且必须是 80 端口，而且还需要使用 HTTPS 协议。这一点难倒了大多数入门级开发者，但是好在微信开发者工具提供了相关的配置，从而允许开发者在开发中使用 IP 和自定义端口进行访问。取消网络请求校验的操作方法如下：先选择工具栏的"详情"选项；然后在详情中选择"本地配置"选项，打开对应的选项卡；最后勾选"不校验合法域名、web-view（业务域名）、TLS 版本以及 HTTPS 证书"复选框，如图 6-22 所示。

图 6-22　取消网络请求校验

学习和使用网络 API 都需要真正的服务器接口，但是由于微信官方没有提供相应的网络测试接口，而且网络接口的实现属于服务端技术，有一定的技术门槛，所以大部分的入门级开发者无法真正地测试和体验网络接口。为了满足初学者的需要，本书开发了配套的网络接口，以实现更好的学习效果。准确、具体的服务端 IP 地址及端口号可以在配套的源代码或 PPT 等资料中查看，这里统一用"*"替代。服务端网络请求接口如表 6-24 所示。

表 6-24　服务端网络请求接口

序　号	接　口	参　数	内　容
1	http://*/api/miniprogram/get	无	网络请求 get
2	http://*/api/miniprogram/getParam		
3	http://*/api/miniprogram/post	username、password	网络请求 post
4	http://*/api/miniprogram/download/*	*为通配符，fileId	下载
5	http://*/api/miniprogram/upload	无	上传
6	ws://*/api/websocket	无	WebSocket

6.5.2　发起请求

微课：发起请求

HTTP 请求的方式（method）有很多种，其中最常用的是 GET 和 POST，关于 HTTP 协议的详细内容请查阅相关的书籍等资料，我们在本节中只了解 GTE 请求和 POST 请求在微信小程序中的具体使用。GET 和 POST 的主要区别如下：GET 把参数包含在 URL 中，POST 通过 request body 传递参数。wx.request 接口参数对象的属性如表 6-25 所示。

表 6-25　wx.request 接口参数对象的属性

属　性	类　型	默　认　值	说　明
url	string		开发者服务器接口地址
data	string/object/ArrayBuffer		请求的参数
header	object		设置请求的 header，header 中不能设置 Referer。content-type 默认为 application/json
method	string	GET	HTTP 请求的方法
dataType	string	json	返回的数据格式
responseType	string	text	响应的数据类型
success	function		接口调用成功的回调函数
fail	function		接口调用失败的回调函数
complete	function		接口调用结束的回调函数（调用成功、失败都会执行）

其中最常用的属性为 url、data、method、success 和 fail，dataType 和 responseType 需要根据服务端响应结果进行选择，但是就目前主流服务端技术而言，dataType 通常为 json 类型，responseType 通常为 text 类型。

一、GET 请求

当发起 GET 请求时，由于 method 类型的默认值为 GET，所以 method 属性可以忽略。另外，由于是 GET 请求，因此开发者既可以把参数直接拼接到 URL 中，又可以通过 data 属性

传入参数（最终会被拼接到 URL 中），还可以无参数。GET 请求的特点是参数以明文的形式
存在于 URL 中。

1. 无参数

当使用 GET 请求时，如果没有参数，则可以直接不写，即 data 属性不赋值或者赋空对象。
在代码示例 6-24 所示的 JS 文件中，可以将 httpGet 绑定为按钮的点击事件方法，点击该按钮
将触发网络请求，在网络请求成功之后会触发成功回调函数，进而打印结果 res，如图 6-23 所
示。服务端响应结果的 statusCode 属性值为 200，表示本次网络请求在物理上成功了。在服务
端响应结果的 data 属性中，可以看到服务端返回键名为 "result" 的值 "HTTP GET 请求成功"，
这表示本次网络请求在逻辑上也成功了。

代码示例 6-24　wx.request() 的使用，GET 请求，无参数

```javascript
// JS 文件
Page({
  httpGet: function () {
    wx.request({
      url: 'http://*/api/miniprogram/get',
      success: function(res) {
        console.log(res)
      },
      fail: function (res) {
        console.log(res)
      }
    })
  }
})
```

图 6-23　无参数的 GET 网络请求成功之后调试器 Console 的打印结果

2. 带参数

当发起 GET 请求时，如果有参数的话，那么我们既可以将其写在 data 属性中，如代码
示例 6-25 所示；又可以参照 HTML 拼接将其拼接在 URL 中，"?" 表示参数的开始，参数名

和参数值用"="连接，使用"&"连接多个参数，如代码示例 6-26 所示。这两种方式的运行结果完全一致，运行后调试器 Console 打印的内容如图 6-24 所示，服务端返回的 data 属性中有 param 属性，该属性的值为小程序端传递的参数，这充分说明服务端已经收到我们发送的参数了。

代码示例 6-25　wx.request()的使用，GET 请求，参数在 data 属性中

```js
// JS 文件
Page({
  httpGet: function () {
    wx.request({
      url: 'http://*/api/miniprogram/getP',
      data: {
        name: "xhd",
        age: 25
      },
      success: function (res) {
        console.log(res)
      },
      fail: function (res) {
        console.log(res)
      }
    })
  }
})
```

代码示例 6-26　wx.request()的使用，GET 请求，参数在请求路径中

```js
// JS 文件
Page({
  httpGet: function () {
    wx.request({
      url: 'http://*/api/miniprogram/getP?name=xhd&age=25',
      success(res) {
        console.log(res)
      },
      fail: function (res) {
        console.log(res)
      }
    })
  }
})
```

图 6-24　带参数的 GET 网络请求成功之后调试器 Console 的打印结果

二、POST 请求

与 GET 请求不同，当发起 POST 请求时，需要指定 method 为 POST，如果有参数，则必须将其写入 data 属性中，这时参数不是以明文的形式存在于请求的 URL 中，而是以数据的形式存在于 request body（请求体）中。在代码示例 6-27 所示的 JS 文件中，当使用 POST 方式发起网络请求时，参数应当置于 data 属性中（代码示例 6-27 中的请求内容是典型的登录请求），所以需要将参数置于网络请求的请求体中，以保证用户名和密码的数据安全。在通过触发 httpPost 方法发起网络请求之后，我们可以在调试器 Console 中观察回调函数的打印内容，如图 6-25 所示。在网络请求成功之后，服务器返回 data 属性中的 result 并告诉我们请求成功的消息，同时返回我们发出的数据，这表明服务端接收到了我们发出的数据。

代码示例 6-27　wx.request()的使用，POST 请求

```
// JS 文件
Page({
 httpPost: function () {
   wx.request({
     url: 'http://*/api/miniprogram/post',
     method: "POST",
     data: {
       username: "root",
       password: "abc123"
     },
     success: function(res) {
       console.log(res)
     },
     fail: function (res) {
       console.log(res)
     }
   })
 }
})
```

图 6-25　POST 网络请求成功之后调试器 Console 的打印结果

6.5.3　下载

微课：下载

下载和上传也是 HTTP 请求的一种，小程序对其进行了封装，让开发者的使用更加方便。

wx.downloadFile 接口的作用是下载文件资源到本地，小程序客户端直接发起一个 HTTPS GET 请求，下载服务端的文件，并将下载后的文件保存在本地，返回该文件的本地临时路径（本地路径），单次下载允许的最大文件为 200MB。wx.downloadFile 接口参数对象的属性如表 6-26 所示，最重要且必填的属性是 url，常用的属性是 success。

表 6-26　wx.downloadFile 接口参数对象的属性

属　　性	类　　型	必　填	说　　明
url	string	是	下载资源的 url
header	Object	否	HTTP 请求的 Header，Header 中不能设置 Referer
timeout	number	否	超时时间，单位为毫秒
filePath	string	否	指定文件下载后存储的路径（本地路径）
success	function	否	接口调用成功的回调函数
fail	function	否	接口调用失败的回调函数
complete	function	否	接口调用结束的回调函数

在下载完成之后，我们通常需要在 success 成功回调函数中打开下载的文件，success 成功回调函数参数对象的属性如表 6-27 所示。我们可以使用 statusCode 判断下载是否成功，使用 tempFilePath 或 filePath 来打开下载的文件。

表 6-27　success 成功回调函数参数对象的属性

属　　性	类　　型	说　　明
tempFilePath	string	临时文件路径，在没有传入 filePath 指定文件存储路径中时会返回，下载后的文件会存储到一个临时文件中
filePath	string	用户文件路径，只有在传入 filePath 时才会返回，与传入的 filePath 一致
statusCode	number	开发者服务器返回的 HTTP 状态码，200 表示成功

在代码示例 6-28 所示的 JS 文件中，在触发 download 方法之后会执行 wx.downloadFile 接口。在成功回调函数中，我们可以先通过回调参数 res 的 statusCode 属性来判断下载是否成功，同时通过 tempFilePath 属性来访问下载文件在本地的临时路径，最后通过 wx.openDocument 接口来打开该下载的临时文件。运行成功后调试器 Console 的打印结果如图 6-26 所示，我们可

以在 wx.downloadFile 接口的成功回调函数的参数中看到 statusCode 和 tempFilePath 属性的具体情况。

代码示例 6-28　wx.downloadFile 的使用

```
// JS 文件
Page({
 downlaod: function () {
  wx.downloadFile({
   url: 'http://*/api/miniprogram/download/a2',
   success: function (res) {
    if (res.statusCode === 200) {
     console.log('download success', res);
     const filePath = res.tempFilePath
     wx.openDocument({
      filePath: filePath,
      success: function (res) {
       console.log(res);
       console.log('打开文档成功')
       wx.hideLoading()
      },
      fail: function (res) {
       console.log('打开失败')
      },
     })
    }
   },
   fail: function (res) {
    console.log("fail", res)
   }
  })
 }
})
```

图 6-26　下载成功之后调试器 Console 的打印结果

6.5.4 上传

微课：上传

wx.uploadFile 接口的作用是将本地资源上传到服务器中，客户端发起一个 HTTPS POST 请求完成客户端文件上传到服务端的操作。wx.uploadFile 接口参数对象的属性如表 6-28 所示，最重要且必填的属性是 url、filePath 及 name，它们的具体值需要与服务端协调确认，常用属性是 success。

表 6-28　wx.uploadFile 接口参数对象的属性

属性	类型	必填	说明
url	string	是	开发者服务器地址
filePath	string	是	要上传文件资源的路径
name	string	是	文件对应的 key，开发者在服务端可以通过这个 key 获取文件的二进制内容
header	Object	否	HTTP 请求 Header，Header 中不能设置 Referer
formData	Object	否	HTTP 请求中其他额外的 form data
timeout	number	否	超时时间，单位为毫秒
success	function	否	接口调用成功的回调函数
fail	function	否	接口调用失败的回调函数
complete	function	否	接口调用结束的回调函数（调用成功、失败都会执行）

在上传完成之后，我们通常需要在 success 成功回调函数中确认具体的上传情况。success 成功回调函数参数对象的属性如表 6-29 所示。我们可以通过 statusCode 判断下载是否成功，通过 data 了解服务器反馈的消息。

表 6-29　success 成功回调函数参数对象的属性

属　性	类　型	说　明
data	string	开发者服务器返回的数据
statusCode	number	开发者服务器返回的 HTTP 状态码，200 表示成功

在代码示例 6-29 所示的 JS 文件中，在触发 upload 方法之后会先执行 wx.chooseImage 接口来进行照片选择操作，在成功选择照片之后（wx.chooseImage 接口的成功回调函数中），通过成功回调函数的参数 res 获取所选照片的临时路径数组 tempFilePaths；然后调用 wx.uploadFile 接口进行照片上传，上传的只是 tempFilePaths[0]，即选择的第一张照片。在上传成功之后，调试器 Console 的打印结果如图 6-27 所示。我们可以看到 wx.uploadFile 接口的成功回调函数的参数有 statusCode 和 data 属性，statusCode 属性值为 200 时表示上传成功，同时服务端还在 data 中告诉客户端此次上传的情况和服务端保存的文件名。

代码示例 6-29　wx.uploadFile 的使用

```
// JS 文件
Page({
  upload: function () {
    wx.chooseImage({
      success: function (res) {
        const tempFilePaths = res.tempFilePaths
```

```
   wx.uploadFile({
     url: 'http://*/api/miniprogram/upload',
     filePath: tempFilePaths[0],
     name: 'file',
     success: function (res) {
       console.log(res)
     },
     fail: function (res) {
       console.log(res)
     }
   })
 }
})
}
})
```

图 6-27　上传成功之后调试器 Console 的打印结果

6.5.5　WebSocket

微课：WebSocket

WebSocket 是 HTML5 开始提供的一种浏览器与服务器进行全双工通讯的网络技术，属于应用层协议，基于 TCP 传输协议，并复用 HTTP 的握手通道。WebSocket 约定了一个通信的规范，即通过一个握手的机制，在客户端和服务器之间建立一个类似 TCP 的连接，从而方便服务端和客户端之间的通信，它能更好地节省服务器资源和带宽并实现实时通讯。在 WebSocket 出现之前，Web 交互一般是基于 HTTP 协议的短连接或者长连接，WebSocket 使得客户端和服务器之间的数据交换变得更加简单，并允许服务端主动向客户端推送数据。在 WebSocket API 中，浏览器和服务器只需要完成一次握手，就可以在两者之间直接建立持久性的连接，并进行双向数据传输。WebSocket 是一种全新的应用层协议，它不属于 HTTP 无状态协议，而是一种有状态的协议，协议名为"ws"。

小程序的 WebSocket API 非常简单好用，微信官方推荐使用 SocketTask 的方式管理 WebSocket 链接，每一条链路的生命周期都更加可控。在存在多个 WebSocket 链接的情况下，使用 wx 前缀的方法可能会带来一些和预期不一致的情况。但是对初学者或者确定客户端只有一个 WebSocket 链接的情况，使用常规模式要简单得多。WebSocket 常用接口如表 6-30 所示，主要是开启连接、发送消息、关闭连接和各种监听事件，其中监听事件的参数为回调函数。

表 6-30　WebSocket 常用接口

接　口	描　述	常 用 参 数
wx.connectSocket	建立一个 WebSocket 链接	url，开发者服务器 wss 接口地址； success，接口调用成功的回调函数
wx.sendSocketMessage	通过 WebSocket 链接发送数据	data，需要发送的内容； success，接口调用成功的回调函数
wx.closeSockct	关闭 WebSocket 链接	code，一个数值表示关闭链接的状态号和链接被关闭的原因，默认值为 1000，表示正常关闭； success，接口调用成功的回调函数
wx.onSocketOpen	监听 WebSocket 打开事件	WebSocket 连接打开事件的回调函数
wx.onSocketMessage	监听 WebSocket 接收到服务器消息的事件	WebSocket 接收到服务器消息事件的回调函数
wx.onSocketClose	监听 WebSocket 关闭事件	WebSocket 链接关闭事件的回调函数
wx.onSocketError	监听 WebSocket 错误事件	WebSocket 错误事件的回调函数

　　需要特别强调的是，在使用 wx.sendSocketMessage 之前，一定要先连接 WebSocket（调用 wx.connectSocket），并且在确认成功连接之后（wx.onSocketOpen 回调触发之后）才能调用（发送消息）。这不难理解，我们肯定是在确认连接上之后才可以向服务端发送消息的。

　　下面通过一个回声实验来讲解 WebSocket 的使用。回声实验是指客户端任意发送一条消息给服务端，服务端收到之后又将该"任意"消息发送给客户端，形成回声的效果。在代码示例 6-30 中，点击"连接 WebSocket"按钮将触发 connectWebSocket 方法。connectWebSocket 方法的工作主要有两方面，一是使用 wx.connectSocket 接口来连接 WebSocket 服务端，二是定义各种监听事件，从而方便我们调试观察。在输入消息之后，点击"通过 WebSocket 发送"按钮会触发 sendMessage 方法，该方法将用户输入通过 wx.sendSocketMessage 接口发送给服务端。点击"关闭 WebSocket"按钮会触发 closeWebSocket 方法，该方法调用 wx.closeSocket 接口从而关闭客户端和服务端的 WebSocket 连接。

　　在测试的时候依次完成如下操作：点击"连接 WebSocket"按钮；输入"Hello WebSocket"；点击"通过 WebSocket 发送"按钮；点击"关闭 WebSocket"按钮，最终调试器 Console 的打印结果如图 6-28 所示。我们可以观察到，当用户点击"连接 WebSocket"按钮时，Console 输出"WebSocket 连接已打开"，这是因为连接成功后触发了 wx.onSocketOpen 接口绑定响应函数从而打印了该提示。在输入文本之后点击"通过 WebSocket 发送"按钮，Console 输出"打印成功"，这是因为在消息成功发送之后触发了成功回调函数，接着 Console 又输出"收到服务器内容"，这是因为客户端在收到服务端发送的消息后触发了 wx.onSocketMessage，从而打印了收到消息。当点击"关闭 WebSocket"按钮时，Console 输出"连接断开"和断开结果。

代码示例 6-30　WebSocket API 的使用

```
// WXML 文件
<button bind:tap="connectWebSocket">连接 WebSocket</button>
<button bind:tap="colseWebSocket">关闭 WebSocket</button>
<view>
  <text>内容：</text>
  <textarea model:value="{{message}}"></textarea>
  <button bind:tap="sendMessage">通过 WebSocket 发送</button>
```

```
</view>
// JS 文件
Page({
  connectWebSocket: function () {
    wx.connectSocket({
      url: 'ws://*/api/websocket'
    })
    wx.onSocketOpen(function (res) {
      console.log('WebSocket 连接已打开！')
    })
    wx.onSocketClose((result) => {
      console.log('WebSocket 连接已断开！', result)
    })
    wx.onSocketError(function (res) {
      console.log('WebSocket 连接打开失败，请检查！')
    })
    wx.onSocketMessage(function (res) {
      console.log('收到服务器内容：' + res.data)
    })
  },
  colseWebSocket: function(){
    wx.closeSocket()
  },
  sendMessage: function(){
    let msg = {
      message: this.data.message
    }
    wx.sendSocketMessage({
      data: JSON.stringify(msg),
      success: function(res){
        console.log("消息发送成功", res)
      },
      fail: function(res){
        console.log("消息发送失败", res)
      }
    })
  }
})
```

图 6-28　调试器 Console 的打印结果

第 7 章

"盐帮川菜"项目实战

通过前面 6 章的讲解，我们已经掌握了微信小程序开发的基础知识，但是基础与实战开发有很大的不同。在常规的 Web 前端开发学习中，我们都以静态网页和静态数据为内容进行学习和实践，因其简单独立且无须服务端的配合，而实际的 Web 前端开发需要使用服务端的数据，这就需要提前准备好服务端，而服务端的技术比前端更为复杂，所以我们需要补充一个实战项目。

这正是目前"Web 前端开发"类似课程教学中的痛点，究其原因有两方面，一是相较于静态数据，使用接口后数据的处理难度较大；二是接口本身不易开发，需要教师具有全栈开发能力。这些因素造成了目前 Web 前端的教材、教学均以静态数据作为数据源，有意地回避了网络请求和综合实战项目的内容。

本书准备了完整的接口，开发者可以通过这些接口获取真实的互联网动态数据。那么现在赶紧让我们通过一个综合的商业项目来进行微信小程序项目开发技能的学习和训练吧！

7.1　"盐帮川菜"项目概述

"盐帮川菜"是一个四川菜餐厅的线下点餐小程序，所谓"盐帮川菜"并不是指很咸的四川菜，"盐帮"指的是古代在四川自贡等产盐区从事食盐生产经营的商贾，他们通过食盐的生产经营积累了大量的财富，所以"盐帮"历来都是古代社会的富裕阶层。"盐帮"们吃的四川菜当然更加味美精致，所以现在"盐帮菜"指的是特别好吃的四川菜。

"盐帮川菜"小程序的使用场景非常明确，就是取代传统的纸质菜单，提高餐厅的运营效率，改善顾客的消费体验。通过微信小程序的方式，实现了多赢的局面，对于餐厅而言菜谱更加全面，菜谱的维护也更加容易，同时能减少服务员的工作量；对于顾客而言，选择和比较菜品变得更加简单，也没有服务员守着等候点餐的尴尬。

该项目共有 4 个页面，使用了基础组件、Tab Bar、WeUI 等显示组件，也使用了数据缓存、网络请求等 API 接口。另外，项目公开提供了服务端接口、设计好的界面及源代码，读者可以根据自己的需要进行使用。当然这些界面和源代码仅供参考，读者可以根据自己的理解，开发出页面更加优美、用户体验更好的程序。

7.1.1　运行流程图

根据前面的描述及客户需求，我们可以总结出"盐帮川菜"微信小程序主要功能如下：分类菜谱、点菜下单、订单查询、注册登录，主要流程如图 7-1 所示。

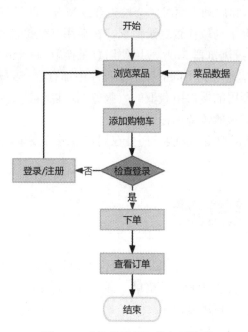

图 7-1　"盐帮川菜"的主要流程

7.1.2　接口描述

"盐帮川菜"的服务端是使用 Java Web 技术开发的 Web 应用，在技术上既可以使用微信小程序访问，又可以使用浏览器访问，但是由于开发的目的是为微信小程序专用，所以部分接口不能与浏览器兼容。该项目的服务端接口有 6 个，如表 7-1 所示，请求类型分为 GET 和 POST，请求参数格式为 JSON，请求相应格式也为 JSON，覆盖了"盐帮川菜"Demo 的全部功能，包括注册、登录、菜品分类获取、菜品获取、下单和订单查询。接口中的"*"为服务器的域名或 IP 地址，在使用时需要进行替换，请读者从配套的源代码中获取。

表 7-1　"盐帮川菜"服务端接口

序　号	接　口	类　型	参　数	描　述
1	http://*/api/dish/loadDishCate	GET	无	获取菜品分类
2	http://*/api/dish/loadDishByCate	GET	cate：类别 id	根据菜品
3	http://*/api/dish/regist	POST	用户对象	注册
4	http://*/api/dish/onLogin	GET	code：login 的 code	登录
5	http://*/api/dish/submitOrder	POST	菜品 id 数组	下单
6	http://*/api/dish/listOrder	GET	无	获取下单记录

7.1.3　关于登录和注册

与常规 App 不同，为了获取最佳的用户体验，"盐帮川菜"采取了延迟登录的策略，即在必要时才检查用户登录情况，如果没有登录则跳转。比如浏览产品、添加购物车等操作都不需要登录，仅在执行下单操作和启动界面时才会检查登录情况，即只有调用表 7-1 中的下单接口和获取下单记录接口时才会主动取检查登录情况，在调用其他接口时不需要检查登录情况。

"盐帮川菜"不同于传统浏览器 Web 应用使用登录换取 session 的模式，微信小程序可以摒弃 session，因为每个微信账号在不同的微信小程序中都有唯一的 openId，而这个 openId 是可以通过用户请求从微信专用的接口中获取的。服务端可以将该 openId 保存起来并返回给小程序客户端，来作为已经登录的凭证和标识。

另外，注册页面不会让用户主动触达，而会在用户登录并发现未注册的情况下跳转到注册页面。

7.2　"菜谱"页面的实现

菜谱页面是"盐帮川菜"小程序的 Tab Bar 页面，而且是默认启动页面。它的主要功能是让食客浏览菜品，作用是取代传统的纸质菜单。菜谱页面需要实现的功能如下。

（1）显示菜品分类列表，调用接口 1。

（2）显示菜品列表，调用接口 2。

（3）将菜品加入购物车。

7.2.1　页面效果

在图 7-2、图 7-3 所示的页面中，可以看到"盐帮川菜"共有 3 个底部 Tab Bar，分别是菜谱、下单及我的。其中，"菜谱"为默认首页，页面主体呈左右结构，左边为菜品分配选项卡，点击不同选项卡，右边将出现相应的菜品，包括菜品图片、名称和价格。

在点击某菜品之后会出现底部弹窗，如图 7-4 所示。弹窗的内容为所点击菜品的大图片、销量、客户评分和价格。点击右下角的"加入购物车"按钮可以将菜品加入购物车，该菜品可以在"下单"页面中进行展示，添加成功后将出现图 7-5 所示的成功提示。点击右上角的"关闭"按钮，关闭当前的底部弹窗。

"菜谱"页面是小程序的默认启动页面，用户扫描小程序二维码后默认进入"菜谱"页面，可以直接进行菜品选择。在选择菜品时，用户可以先选择菜品分类，然后从具体分类中浏览菜品，最后将喜欢的菜品加入购物车。

图 7-2 默认首页

图 7-3 切换不同的分类

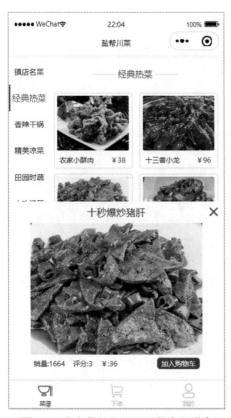

图 7-4 点击菜品之后出现的底部弹窗

图 7-5 添加菜品至购物车后的成功提示

7.2.2 菜品分类列表

菜品分类列表数据的加载时机非常重要，我们要尽可能早地获取菜品分类数据，可以在页面的 onLoad 生命周期方法中加载。在代码示例 7-1 中，由于网络请求是耗时操作，所以先调用 wx.showLoading 显示一个 Loading；接着在请求的 complete 回调方法中调用 wx.hideLoading 来隐藏该 Loading；然后调用 wx.request 接口发起网络请求，通过网络请求成功回调函数将菜品分类数据存储在页面数据 cateList 中（cateList 被列表渲染并显示在页面上），与此同时还需要设置第一个菜品分类为当前默认分类，并且调用当前页面自定义函数 loadDishByCate（根据分类获取菜品数据，详见"7.2.3 菜品列表"），从而获得默认菜品数据。

菜品分类数据渲染使用了列表渲染，列表的每项都绑定了 data-index 属性，为点击事件做数据准备。当用户点击不同的菜品分类时，会触发列表项绑定的点击事件方法 switchCate()，在该方法的参数对象中，可以获得菜品分类项绑定的数组索引序号，进而可以调用 loadDishByCate() 方法，获得菜品数据。

代码示例 7-1 菜品分类列表的主要代码

```
// WXML 相关代码片段
<scroll-view class="nav">
  <view wx:for="{{cateList}}" data-index="{{index}}" bindtap="switchCate"
class="item">{{item.chinese}}
  </view>
</scroll-view>
// JS 相关代码片段
switchCate: function (e) {
  let index = e.currentTarget.dataset.index
  let selectCate = this.data.cateList[index]
  this.setData({
    selectCate: selectCate
  })
  this.loadDishByCate(selectCate.id)
}
onLoad: function (options) {
  wx.showLoading()
  let that = this
  wx.request({
    url: 'http://*/api/dish/loadDishCate',
    success: function (res) {
      let cList = res.data.data;
      that.setData({
        cateList: cList,
        selectCate: cList[0]
      })
      if (cList.length > 0) {
        let c1 = cList[0]
```

```
          that.loadDishByCate(c1.id)
        }
      },
      complete: function () {
        wx.hideLoading()
      }
    })
}
```

7.2.3 菜品列表

　　菜品列表的数据源依赖于菜品分类项的点击事件，菜品列表的显示使用了列表渲染，需要在点击某菜品之后显示该菜品的详细信息，如代码示例 7-2 所示。点击菜品列表项将触发点击事件 showDishDetail，从而让菜品的详细信息显示出来。菜品详细 view 使用 absolute 模式，结合条件渲染技术实现底部弹窗的效果。另外，在菜品详细 view 中有关闭按钮，点击该按钮将触发点击事件 closeDishDetail，从而隐藏菜品详细 view，实现关闭的效果。

代码示例 7-2　菜品列表的主要代码

```
// WXML 相关代码片段
<!--菜品列表-->
<view wx:for="{{dishList}}" bind:tap="showDishDetail" data-idx="{{index}}">
  <image class="img" src="http://*{{item.poster}}"></image>
  <view class="txt">
    <text class="name">{{item.name}}</text>
    <text class="price">￥{{item.price}}</text>
  </view>
</view>
<!--菜品详细-->
<view wx:if="{{showDish}}" class="detail">
  <text class="title">{{selectDish.name}}</text>
  <image class="img" src="http://*{{selectDish.poster}}"></image>
  <view class="txt">
    <text space="nbsp">销量:{{selectDish.sales}}
     评分:{{selectDish.score}}
     ￥:{{selectDish.price}}
    </text>
    <text class="cart" bindtap="add2Cart">加入购物车</text>
  </view>
  <image bind:tap="closeDishDetail" src="/close.png"></image>
</view>
// JS 相关代码片段
showDishDetail: function (e) {
  let idx = e.currentTarget.dataset.idx
  let dish = this.data.dishList[idx]
```

```
this.setData({
  selectDish: dish,
  showDish: true
})
},
closeDishDetail: function(){
  this.setData({
    showDish: false
  })
}
```

7.2.4　加入购物车

微课：加入购物车

对于很多高频使用的电商 App 而言，用户购物车中的商品数据往往是需要存储在服务端的，这就是很多电商 App 在被卸载重装甚至是换手机之后，购物车中的商品依然存在的原因。但是对于使用频率不高且商品总数量不多的点餐小程序，将购物车中的商品信息存储到服务端是没有必要的。综合以上考虑，"盐帮川菜"的购物车应使用数据缓存技术。

在"详细菜品"弹窗中点击"加入购物车"按钮，将会触发绑定的 add2Cart 方法，使得该菜品进入购物车，底层实现主要是将该菜品数据写入缓存。add2Cart 的主要流程如下。

（1）取出数据缓存中的购物车数据 cart。

（2）检查 cart 是否为空，如果为空，则直接添加并且结束。

（3）检查当前的菜品是否已经在购物车中，如果重复则提示并结束。

（4）添加当前菜品至购物车。

（5）隐藏"详细菜品"弹窗。

在代码示例 7-3 中，用户点击"加入购物车"按钮将触发 add2Cart 方法，该方法会先取出缓存中的购物车数据；然后检查当前菜品是否已经加入购物车，如果已经加入则提示"请勿重复"，如果没有加入则将该菜品添加到数组的第一个位置（使用数组的 unshift 方法），并提示"添加成功"；最后隐藏"详细菜品"弹窗。

代码示例 7-3　加入购物车的主要代码

```
// JS 文件相关代码片段
add2Cart: function(){
  let d = this.data.selectDish
  let cart = wx.getStorageSync('cart')
  if(cart==""){
    cart = [d]
  }else{
    //检查是否已经添加
    let flag = false
    cart.forEach(e => {
      if(e.id == d.id){
        flag = true
      }
```

```
  });
  if(flag){
    wx.showToast({
      title: '请勿重复',
      icon: "error",
      duration: 1000
    })
    return
  }else{
    cart.unshift(d)
  }
}
wx.setStorageSync("cart", cart)
//提示添加成功
wx.showToast({
  title: '添加成功',
  icon: "success",
  duration: 1000
})
//隐藏菜品详细
this.setData({
  showDish: false
})
}
```

7.3　"下单"页面的实现

在完成菜品的初步选择之后，用户可以点击底部 Tab Bar 的"下单"按钮并进入"下单"页面。"下单"页面是 Tab Bar 的第二个页面，其结构和功能相对简单，主要功能如下。

（1）展示已选择的菜品。

（2）修改菜品数量。

（3）提交订单。

7.3.1　页面效果

在"菜谱"页面中选择了足够的菜品到购物车之后，用户可以打开"下单"页面，对初步选择的菜品进行删除和数量修改。如果还想添加其他菜品，则可以回到"菜谱"页面再次选择菜品，之后重新回到"下单"页面，用户可以如此反复操作，最后确定没有问题就可以下单了。

现有一个购物车如图 7-6 所示，购物车中的菜品以列表形式展开，有图片、名称、价格和数量（默认值为 1），点击数量旁边的"减号"和"加号"按钮可以对菜品的数量进行修改，点击"删除"按钮将直接从购物车中删除菜品。点击菜品底部的"下单"按钮，将使购物车中的菜品按照指定的属性生成订单，这样餐厅就知道用户的完整需求了。点击"下单"按钮且操作成功后，将出现下单成功提示并跳转到"我的"页面，同时购物车被清空，如图 7-7 所示。

图 7-6　"下单"页面

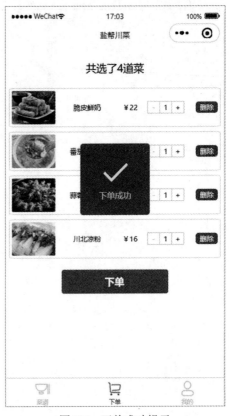

图 7-7　下单成功提示

7.3.2　下单

一、页面 WXML 代码

微课：下单

"下单"页面的难点在于商品数量的修改和保存。在代码示例 7-4 中，"下单"页面使用了列表渲染来展示购物车中的菜品。通过"-"和"+"text 来实现减和加，"-"绑定 bindMinus 方法，用来减少数量；"+"绑定 bindPlus 方法，用来增加数量。"删除"按钮绑定了 del 方法，用来删除购物车中的菜品。此后，使用条件渲染并根据菜品数组的长度来判断是否需要显示"下单"按钮。

代码示例 7-4　"下单"页面 WXML 文件代码

```
<text class="title">共选了{{dishList.length}}道菜</text>
<view class="list">
 <view wx:for="{{dishList}}" wx:key="index">
  <image class="poster" src="http://*{{item.poster}}"></image>
  <text class="name">{{item.name}}</text>
  <text class="price">￥{{item.price}}</text>
  <view class="stepper">
   <text data-idx="{{index}}" bindtap="bindMinus">-</text>
   <text class="count">{{item.count}}</text>
```

```
      <text data-idx="{{index}}" bindtap="bindPlus">+</text>
    </view>
    <text data-idx="{{index}}" class="del" bindtap="del">删除</text>
  </view>
</view>
<button wx:if="{{dishList.length>0}}" bindtap="submit">下单</button>
```

二、菜品数据维护

1. 初始化

当用户打开"下单"页面时，页面会即刻显示购物车中已有的数据，在中途增加或删除购物车中的菜品之后，"下单"页面的数据也要同步变化，即购物车中的数据和"下单"页面的数据是一致的，两者的修改必须同步进行。

购物车中的数据来自数据缓存中的变量 cart，如代码示例 7-5 所示。数据加载没有选择 onLoad 而是选择了 onShow，这是因为 onLoad 方法只会在页面的生命周期中执行一次，但是用户可能反复地向购物车中添加菜品，这样 onLoad 中的数据更新代码就得不到执行，购物车中的数据也就得不到更新，而选择在 onShow 中执行数据更新代码能完美地解决这个问题。

关于菜品数量，如果按照传统思路放在页面 data 中会非常不方便，因为涉及多个数量，必然要用到数组，这样对应关系的维护会比较麻烦，且容易出错。购物车中的菜品数据有现成的菜品标识，利用 JS 对象灵活的语法，将菜品数量直接添加到菜品对象中，最后存储到数据缓存中。所以我们需要在初始化时给菜品对象增加数量属性 count，并且赋默认初值 1。

在代码示例 7-5 中，先取出数据缓存中的 cart 并赋值给 cart 数组；然后判断该缓存是否为空，如果为空则返回，不为空则继续；接下来使用 forEach 语法遍历 cart 数组，检查 cart 数组的每个成员是否具有 count 属性，没有则增加 count 属性；最后将修改后的 cart 数组写入页面 data 变量的 dishList 属性中。

代码示例 7-5　"下单"页面 JS 文件代码，购物车数据初始化

```
onShow: function () {
  let cart = wx.getStorageSync('cart')
  if (cart == "") {
    return
  }
  cart.forEach(e => {
    if (!e.count) {
      e.count = 1
    }
  });
  this.setData({
    dishList: cart
  })
}
```

2. 菜品数量增加或减少

菜品的增加或减少主要通过 data 中的 dishList 来完成，主要流程如下。

（1）用户点击"加号"或"减号"按钮。

（2）触发点击事件绑定的方法。

（3）通过参数对象传递的数据找到当前操作菜品元素的数组索引。

（4）修改当前操作菜品元素的 count 属性。

（5）用修改后的 dishList 重新覆盖 data 中的 dishList。

（6）用修改后的 dishList 重新覆盖数据缓存中的 cart。

三、菜品删除

菜品的删除比较简单，先找到要删除的元素索引，再删除页面 dishList 中的该元素，最后删除 cart 中的该元素，如代码示例 7-6 所示。

代码示例 7-6　"下单"页面 JS 文件代码，购物车数据删除

```
del: function (e) {
  console.log(e)
  let idx = e.currentTarget.dataset.idx
  let dl = this.data.dishList
  dl.splice(idx, 1)
  this.setData({
    dishList: dl
  })
  wx.setStorageSync('cart', dl)
}
```

四、下单

在用户点击"下单"按钮之后会触发绑定的提交方法，从而正式提交订单，该方法的主要流程如下。

（1）检查用户是否登录，没有登录则提示并跳转到登录页面，已经登录则继续。

（2）构造提交数据，根据服务端要求，订单数据主要是菜品 id 及数量、用户 openId、菜品总数和菜品总价。

（3）发起网络请求并提交数据。

（4）清空购物车数据，并跳转到"我的"页面。

在代码示例 7-7 中，在用户点击"下单"按钮之后将触发 submit 方法，通过 getStorageSync 接口获取数据缓存对象 userProfile（userProfile 在用户登录时写入），需要注意的是，数据缓存在获取不存在的对象时返回的是空字符串，所以不能使用 null 或 undefined 来判断 userProfile。另外，在下单网络请求的成功回调函数中，为了刷新"我的订单"数据，如果只使用 wx.switchTab 则无法调用"我的"页面中的生命周期方法 onLoad，所以应该选择 wx.reLaunch 接口。当然，读者也可以通过在"我的"页面中增加"刷新"按钮来实现手动刷新的效果。

代码示例 7-7　"下单"页面 JS 文件代码，下单

```
submit: function () {
  //检查登录
```

```
let userProfile = wx.getStorageSync('userProfile')
let openid = userProfile.openid
if (!openid) {
  wx.showToast({
    title: "请登录",
    icon: "error",
    duration: 2000
  })
  setTimeout(() => {
    wx.switchTab({
      url: '.../my/my',
    })
  }, 2000);
  return
}
//构造提交数据
let dl = this.data.dishList
let order = []
let totalCount = 0
let cost = 0
dl.forEach(e => {
  let sd = {}
  sd.dishId = e.id
  sd.count = e.count
  order.push(sd)
  totalCount += e.count
  cost += e.price
});
let param = {}
param.openid = openid
param.order = order
param.totalCount = totalCount
param.cost = cost
let that = this
//发起网络请求，提交数据
wx.request({
  url: 'http://*/api/dish/submitOrder',
  method: "POST",
  data: param,
  success: function (res) {
    if (res.data.success == true) {
      wx.showToast({
        title: '下单成功',
        icon: "success",
        duration: 2000
```

```
    })
    setTimeout(() => {
      that.setData({
        dishList: []
      })
      wx.removeStorageSync('cart')
      wx.reLaunch({
        url: '.../my/my'
      })
    }, 2000);
  }
},
complete: function () {
  wx.hideLoading()
}
})
}
```

7.4   "我的"页面的实现

"我的"页面是 Tab Bar 的第三个页面，在已经登录的情况下展示"我的信息"和"我的订单"，在没有登录的情况下展示登录界面。"我的"页面的主要功能如下。

（1）登录。

（2）显示用户信息。

（3）显示用户的历史订单。

（4）显示订单的详细信息。

7.4.1　页面效果

"我的"页面主要负责两部分内容的显示，一部分是登录账号信息，另一部分是订单信息，只有在登录之后才会同时显示这两部分内容。图 7-8 所示为登录后的"我的"页面，上部分是用户登录信息（微信登录），下部分是"我的订单"列表，该列表按照时间由近至远排列，每项内容都有订单时间、消费金额和总数量。点击某一项的"展开"按钮，会展开该订单的详细信息，包括所点菜品的图片、名称、价格和数量，同时，"展开"按钮变成了"收缩"按钮，如图 7-9 所示。

在未登录的情况下，"我的"页面就是"登录"页面，如图 7-10 所示。"登录"页面由两部分组成，一是头像，二是"登录"按钮，在用户点击"登录"按钮之后会触发登录操作。登录操作由两个动作组成，第一个动作是调用 wx.getUuserProfile 接口获取当前微信账号的信息，且这个接口会向用户申请权限，如图 7-11 所示；第二个动作是与服务器交互获取用户的注册信息，该动作在后台进行，因此没有页面。

图 7-8 "我的"页面

图 7-9 订单的详细信息

图 7-10 "登录"页面

图 7-11 申请权限

7.4.2 登录

微课：登录

在登录 App 时通常要检查本地是否存储有登录信息，如果有则不登录（或者是静默登录，由后台完成，用户无感知），如果没有则进入"登录"页面。

一、页面 WXML 代码

在代码示例 7-8 所示的"我的"页面 WXML 文件登录部分代码中，userProfile 页面的 data 属性包含用户的头像、昵称及 openId 等数据。image 组件主要用于显示用户的头像，它的 src 值使用了数据绑定的三目运算。如果页面 data 中的 hasUserInfo 属性值为真，则 image 显示微信用户头像；如果为 false 或不存在，则显示一个灰色的陌生人照片。另外，如果 hasUserInfo 属性值为真，则显示用户的微信昵称，否则显示"登录"按钮。"登录"按钮绑定了主动登录方法 login。

代码示例 7-8　"我的"页面 WXML 文件登录部分代码

```
<view class="userinfo">
  <image src="{{hasUserInfo?userProfile.avatarUrl:'stanger.png'}}"></image>
  <text wx:if="{{hasUserInfo}}">{{userProfile.nickName}}</text>
  <button wx:else bindtap="login"> 登录 </button>
</view>
```

二、登录

如果在检查用户登录信息时发现用户没有登录，则页面显示"登录"按钮，在用户点击"登录"按钮之后会触发绑定的 login 方法，主要流程如下。

（1）获取当前微信账号信息，为注册信息做准备。

（2）调用 wx.login 接口获取登录 code。

（3）调用服务端登录接口。

（4）如果未注册则跳转到"注册"页面。

（5）如果已注册则将用户属性写入数据缓存 userProfile。

其中，（1）的操作可以调整到"注册"页面中，放在登录操作里是为了和"登录"按钮整合，不然将这种获取用户微信信息按钮放在"注册"页面会比较怪异。

在代码示例 7-9 中，先通过 Promise 风格调用 wx.getUserProfile 接口获取用户的微信账号信息，在用户同意之后，调用 wx.login 接口，获取用户的登录码 code；然后通过登录码 code 调用服务端的 onLogin 接口，服务端将通过登录码 code 获取用户的 openId；最后查询用户的 openId，并将结果返回，如果已经注册则返回用户数据，如果没有注册则跳转到"注册"页面。

代码示例 7-9　登录方法

```
login: function() {
  let that = this
  wx.getUserProfile({
    desc: '用于完善会员资料'
  }).then(res => {
```

```
  let userProfile = res.userInfo
wx.login({
  success(res) {
    if (res.code) {
      wx.request({
        url: 'http://*/api/dish/onLogin',
        data: {
          code: res.code
        },
        success: function (res) {
          if (res.data.success == false) {
            //未注册
            userProfile.openid = res.data.message
            wx.setStorageSync('userProfile', userProfile)
            wx.redirectTo({
              url: '../regist/regist',
            });
          }else{
            //已注册
            wx.setStorageSync('userProfile', res.data.data)
            //刷新数据
            that.onLoad()
          }
        }
      })
    } else {
      console.log('登录失败! ' + res.errMsg)
    }
  }
})
},
```

7.4.3　检查登录信息、获取订单列表

微课：检查登录信息、获取订单列表

　　"我的"页面需要在页面生命周期一开始时检查用户的登录情况，这项检查工作最适合放置在页面的 onLoad 生命周期方法中。"我的"页面的 onLoad 生命周期方法的主要工作如下。

　　（1）读取数据缓存 userProfile，如果 userProfile 为空则返回。

　　（2）将 userProfile 数据写入页面 data 中。

　　（3）调用 listOrder 接口，获取用户的订单数据。

　　在代码示例 7-10 所示的 onLoad 生命周期方法中，与代码示例 7-9 类似，首先，调用 wx.getStorageSync 获取数据缓存 userProfile，检查登录情况；然后，调用 wx.request 发起网络

请求，获取订单数据，在网络请求的成功回调函数中，通过使用自定义方法 formatTime 对服务端返回的时间戳进行格式转换，转换成适合用户阅读的日期格式。

代码示例 7-10 "我的"页面 onLoad 生命周期方法

```
onLoad: function() {
  //检查登录情况
  let userProfile = wx.getStorageSync('userProfile')
  if(userProfile==""){
    return
  }
  this.setData({
    "userProfile": userProfile,
    hasUserInfo: true
  })
  //获取我的订单数据
  let that = this
  wx.request({
    url: 'http://*/api/dish/listOrder',
    data: {
      openid: userProfile.openid
    },
    success: function(res){
      let oList = res.data.data
      oList.forEach(o => {
        o.orderTime = that.formatTime(o.orderTime)
      });
      that.setData({
        orderList: oList
      })
    }
  })
},
```

7.5 "注册"页面的实现

"注册"页面是 4 个页面中唯一的非 Tab Bar 页面，它的作用是提供注册交互，是整个项目中最简单的页面。为了更好的用户体验，我们将"注册"页面设置为用户无法主动直达的页面，只能在用户登录且当前微信账号未注册的情况下，才会跳转到"注册"页面。用户需要在这个页面中提供姓名、电话和生日，以便商家可以更精准地为用户提供服务，比如生日小礼物、优惠券等。

7.5.1 页面效果

在用户没有注册的情况下，点击"登录"按钮之后会跳转到"注册"页面，如图 7-12 所示。"注册"页面的功能是让用户填写基本信息并提交，上面是友好的提示信息，中间是需要用户输入的表单，包括姓名、电话和生日，下面是"确定"按钮。在用户合法地填完姓名、电话和生日之后会出现注册成功提示，如图 7-13 所示；而在注册成功之后，页面会跳转到"我的"页面。

图 7-12　"注册"页面

图 7-13　注册成功提示

7.5.2 注册

微课：注册

"注册"页面的功能就是注册，在用户输入全部的表单项之后，检查用户输入，并发起网络请求提交数据。

一、页面 WXML 代码

"注册"页面是非常典型的表单页面，用户先逐项输入数据，然后提交全部数据。在代码示例 7-11 所示的"注册"页面中有一个 form 容器，form 中依次有姓名 input、电话 input、生日 picker 及"确定"按钮，各个 input 都有对应的 name 属性，我们可以在表单提交事件中获取不同 name 的全部值。"确定"按钮的 form-type 属性为 submit，在点击时将触发 form 的 submit 动作，从而触发 form 绑定的 bindsubmit 响应方法 regist。

代码示例 7-11　精简后的"注册"页面 WXML 代码

```
<form class="weui-form" bindsubmit="regist">
 <h2 class="weui-form__title">新用户注册</h2>
 <view class="weui-cell weui-cell_active">
  <label class="weui-label">姓名</label>
```

```
    <input name="name" placeholder="建议填写真实姓名" />
  </view>
  <view class="weui-cell weui-cell_active">
    <label class="weui-label">电话</label>
    <input name="tel" placeholder="电话仅用于认证" type="number" />
  </view>
  <view class="weui-cell weui-cell_active">
    <label class="weui-label">生日</label>
    <picker mode="date" name="birthday" value="{{birthday}}" bind:change="pickDate">
      <view>{{birthday==""?"请选择时间":birthday}}</view>
    </picker>
  </view>
  <button form-type="submit" class="confirm_button">确定</button>
</form>
```

二、注册

用户一旦点击"注册"页面的"确定"按钮，就会提交表单，进而触发表单提交事件响应方法 regist，regist 方法主要的工作流程如下。

（1）检查用户输入是否有效，无效则提示并返回。

（2）获取数据缓存中的用户微信账号信息 userProfile。

（3）利用表单数据和 userProfile 构造网络请求参数。

（4）发起网络请求。

（5）保存服务端返回的用户数据。

（6）提示注册成功并重启小程序。

在代码示例 7-12 所示的注册方法中，通过 regist 方法可以获得表单 submit 事件的参数 e，通过 e.detail.value 获得用户输入，并逐项检验数据的有效性，无效则结束，有效则继续。由于在注册之前，用户已经登录，我们获取了用户的微信账号信息 userProfile，所以"注册"页面可以先获得 userProfile 对象，并利用 userProfile 结合表单输入来构造网络请求参数，然后发起网络请求。在网络请求的成功回调函数中，服务端将给我们返回用户数据，包含核心信息 openId，可以将其写入数据缓存 userProfile 中，这样就实现了注册即登录的效果。在上述操作完成之后会提示注册成功并重启小程序。为什么必须重启小程序呢？因为用户在注册完成之后需要跳转到"我的"页面，但是非 Tab Bar 页面是无法直接跳转到 Tab Bar 页面的，所以只有采取笨办法——reLaunch。

代码示例 7-12　注册方法
```
regist: function(e){
  // 检查数据有效性
  let param = e.detail.value
  if(!param.name || !param.tel || !param.birthday ){
    wx.showToast({
      title: '信息不能为空',
      duration: 2000,
```

```
    icon: "error"
  })
  return
}
if(param.tel.length!=11){
  wx.showToast({
    title: '手机号码格式错误',
    duration: 2000,
    icon: "error"
  })
  return
}
wx.showLoading({
  title: '注册中',
  mask: true
})
let userProfile = wx.getStorageSync('userProfile')
userProfile.name = param.name
userProfile.tel = param.tel
userProfile.birthday = param.birthday
wx.request({
  url: 'http://*/api/dish/regist',
  method: 'POST',
  data: userProfile,
  success: function(){
    wx.showToast({
      title: '注册成功',
      duration: 2000,
      icon: 'success',
      success: function(res){
        let userProfile = res.data.data
        wx.setStorageSync('userProfile', userProfile)
        setTimeout(function(){
          wx.reLaunch({
            url: '.../my/my',
          })
        }, 2100)
      }
    })
  },
  complete: function(){
    wx.hideLoading()
  }
})
},
```